JN064919

# ⊕ 近現代 ⊕
# スパイの作法

監修　落合浩太郎

**GB**

# スパイたちのリアルな日常を
# 白日の下にさらす

　古来、密かに敵国へ潜入し、その国の兵力や地形などの情報を収集していたスパイたち。平和な暮らしを享受している我々には想像もつかないが、21世紀の現代に入ってもスパイは確実に存在し、さまざまな情報を日夜集めている。

　とはいえ、映画や小説のようにド派手なカーチェイスや激しい銃撃戦など、非日常的で危険極まりない生活を送ってはいない。むしろ、電話やメールの傍受や、

偵察衛星から送られてくる画像の解析など、黙々と地味な作業を繰り返しているスパイがほとんどである。

　どちらかというと、映画や小説のようなスリリングなスパイ活動を行っているのは、情報機関の担当者よりも軍に所属している特殊部隊員のほうかもしれない。彼らは高度な戦闘能力を持ちながら、尾行や潜入捜査も行っており、世界中の紛争地域で暗躍している。

　本書は情報機関と特殊部隊を区別するようなことはしない。なぜなら、スパイ活動そのものにスポットを当て、そのリアルな実情に迫ったからである。彼らの生活習慣やベールに包まれた諜報技術を知ることで、みなさんの知的好奇心が刺激されれば幸いである。

落合浩太郎

# 人類の歴史の陰にスパイあり

秘密裏に敵国の情報を集めて、自国を有利に運ぶのが主な任務のスパイ。彼らは太古から存在し、時には歴史の流れすらも変えていた。まずは、紀元前の時代から近代までのスパイの歴史について考察する。

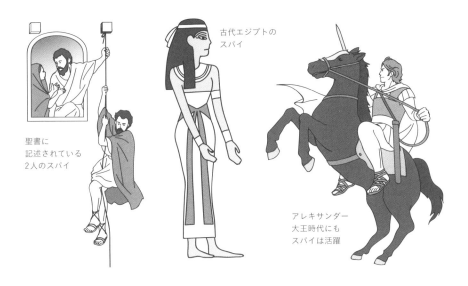

古代エジプトの
スパイ

聖書に
記述されている
2人のスパイ

アレキサンダー
大王時代にも
スパイは活躍

「スパイは2番目に古い職業」といわれ、そのルーツは『旧約聖書』にまで遡る。ユダヤ人の指導者・ヨシュアがエリコという町を攻略するエピソードがあるのだが、そのなかに2人のスパイが登場するのだ。また、古代エジプトのツタンカーメン王の時代や、アレキサンダー大王時代のマケドニアにもスパイがいたという記録が残っている。

我々日本人がよく知るところでは、鎌倉時代に日本に攻め込んで来たチンギス＝ハーンがスパイを重用していたといわれている。チンギス＝ハーンが築いたモンゴル帝国はヨーロッパまで領土を拡大したが、モンゴル人の顔立ちは目立ちすぎたために敵国に潜入するのは難しかった。そこで彼は、敵国に住んでいる地元民をスパイとして徴用して情報収集をさせたのだ。

スパイを重用した
チンギス＝ハーン

忍者は日本に
存在したスパイ

二重スパイとなった
アレフレート・レードル

　戦国時代に活躍した忍者もまた我々日本人がよく知るところのスパイである。諜報活動や破壊活動、暗殺などを人知れず行っていたことはあまりにも有名な話だ。たびたびスパイ映画ではレーザー銃のようなハイテク機器が登場するが、忍者は水に浮かぶ水器や逃げる際に使う煙幕など、時代の先を行く技術を実際に使いこなしていた。

　近代では、第一次世界大戦におけるオーストリアの敗戦はスパイによる情報漏洩が要因だったとされている。オーストリアの諜報部長だったアレフレート・レードルは、同性愛者であることをロシアのスパイに知られ、その脅しに屈して自国の機密情報を流してしまったのだ。

　人類の歴史は争いの歴史といっても過言ではない。そこには必ずスパイが介在していたのである。

# スパイは現代にも欠かせない存在

世界史の時代区分では第一次世界大戦が終わった1918年からが「現代」とされる。有事の裏側で暗躍するスパイだが、全世界規模の大きな紛争が起きていない近年においてスパイはどのような働きをしているのだろうか？

スパイによって
核兵器の情報は
アメリカからロシアへ

アメリカと諜報戦を
繰り広げた旧ソ連の
KGB

スパイ衛星の登場で
宇宙からも情報収拾が
可能に

スパイは現代に入ってからも暗躍する。その最たるものが第二次世界大戦で、各国は競うようにスパイを敵国に送り込んでいた。情報を事前にキャッチすることで対策が練られ、数々の戦局がスパイの暗躍により覆された。快進撃を続けていたドイツが失速したのは、旧ソ連の諜報機関KGBが情報を入手していたからだといわれている。

そして、第二次世界大戦が終わった1945年からスパイは黄金期を迎える。日本にも落とされた核兵器に関する情報がスパイによってアメリカからソ連に流出。両国が核兵器を互いに向け合う冷戦状態に突入すると、多くのスパイによる諜報活動が活発に行われた。つぎ込まれた資金は、天井知らずであったという。

現在、紛争地帯に
多くのスパイが
入り込んでいる

ベルリンの壁が崩壊し、
多くのスパイが失職

麻薬を捜査する
特殊部隊

　また、冷戦時代には科学技術が飛躍的に進歩した。ミサイルの位置情報を特定するために、もはやスパイは人ではなくスパイ衛星となって情報を収集するまでになった。しかし、1989年に冷戦が終結して両国の関係は雪解け。用済みとなって職を失った多くのスパイは、今までのコネクションを活かすべく麻薬の密売に手を染めた。

　21世紀に入ると人類はテロの脅威にさらされることになる。神出鬼没のテロリストたちに対抗するには、確かな情報が必要となるのだが——その情報を集めるのはスパイの役目だ。現在、世界各国の情報機関や特殊部隊が紛争地帯に入り、情報収集に熱を上げている。そう、現在スパイは再び黄金期を迎えているのだ。

# 早わかりスパイ ③

# 世界で暗躍する代表的な情報機関

スパイが所属する情報機関は世界各国に設置されている。多くは2度の世界大戦が起きた1900年代中盤までに設立。改編や廃止された機関も多く存在するが、ここでは今も現役で活動をしているものを紹介する。

### CIA
（中央情報局）

第二次世界大戦後の1947年に設立されたアメリカ大統領府直轄の情報機関。国内での活動は行わず、海外においての情報収集を行っている。

### SIS
（秘密情報部）

1909年に設立されたイギリスの情報機関。「MI6」という別称が世界的に知られている。イギリス政府は1994年まで存在そのものを否定していた。

人気映画『007シリーズ』の主人公であるジェームズ・ボンドはMI6（SIS）の諜報部員という設定。

### MSS
（中華人民共和国国家安全部）

情報機関を兼ねた中国の治安当局。人民に対するインターネットの検閲や、政治的工作活動など、さまざまな活動を行っている。設立は1983年。

## SVR
（ロシア対外情報庁）

ソ連の情報機関「KGB」の流れ
をくむロシア連邦の情報機関。
暗殺や偽情報の拡散などを
行っているという不穏な噂が
絶えない組織でもある。

## DGSE
（対外治安総局）

フランスの安全に関係する情
報取集や分析を行っている機
関。イスラム圏における活動
を得意とし、日夜テロリストと
の接触をはかっている。

## モサド
（イスラエル総理府諜報特務局）

1937年に設立されたイスラエ
ルの情報機関。世界最強の
組織という呼び声も高く、主
に国外での諜報活動や特務工
作、テロ対策を行っている。

## 特殊部隊

各国の軍隊に存在し、一
般部隊とは編成が異なる。
情報機関と連携して、情
報収集や破壊活動、尾行
や監視といったスパイ活
動を行う部隊もある。イ
ギリスの「SAS」やアメリカ
の「Navy SEALs」などが
代表的。

---

## 日本に情報機関は存在しない!?

日本は、内閣情報調査室（内調）、防衛省・情報
本部、警察庁警備局、公安調査庁、外務省・国
際情報統括官組織が情報機関とされる。ただし、
危険を冒してまで活動する体制になっていないとい
う意味で、"グローバル・スタンダードのスパイ機
関は存在しない例外的な国"である。

**JAPAN**

# contents

# 1章　スパイ道具の作法

## ◆　銃

## ◆　特殊武器

## ◆　防具

## ◆　偵察アイテム

# 2章　スパイ活動の作法

◆ **スパイの心得**

◆ **連絡手段**

◆ **監視**

# 3章　生き残りの作法

## ◆ 護身術

## ◆ サバイバル

# 1章

## スパイ道具の
## 作法

レーザー銃や窓に張りつく手袋、着るだけで空中に浮か
ぶスーツ……、映画のなかでは「あり得ない！」というく
らい特殊なものが多いスパイ道具。では、実際のスパイ
はどんな道具を使用しているのだろうか？　武器や防具、
乗り物など、カテゴリー別に紹介する。

# サイレンサー銃の銃声は
# ドアの開閉音くらい

| 該当する<br>年代 ▷ | 20世紀<br>初頭 | 20世紀<br>中頃 | 20世紀<br>終盤 | 21世紀<br>以降 | 該当する<br>組織 ▷ | CIA | KGB | SIS | 特殊<br>部隊 | その他の<br>諜報機関 |
|---|---|---|---|---|---|---|---|---|---|---|
| | ● | ● | | | | ● | ● | ● | | ● |

## ◎ 任務成功率と生還率向上に大きく貢献した消音銃

隠密行動が中心となるスパイにとって、大きな銃声は任務遂行の支障となるばかりか、時として命の危険にもつながりかねない。そうした理由からスパイが多用したのが、銃声を抑えて敵を撃てる銃だった。

一般的だったのがサイレンサー付きのものである。中でも22口径（約5.6mm弾）のハイスタンダードH-Dは優秀だった。サイレンサー内に金網状の円盤を何重にも重ねることで、発射時の振動を吸収。その銃声は日常生活におけるドアの開閉音と同程度だったというから驚きである。また硝煙が出ないのも、この銃の特徴のひとつとなっている。

サイレンサーを取り付けることで消音効果を得るタイプがある一方、はじめから消音銃として開発されたタイプもあった。ウェルロッドMk.Iで

ある。しかし、全長36.5cmで9mmルガー弾を使用するこの銃は、威力こそ大きかったものの、肝心の消音効果が低かったという。当然、諜報活動には向かず、のちに開発されたMk.IIに役割を譲ることになった。

32口径のウェルロッドMk.IIは、鉄パイプに持ち手となるグリップをつけたような外見で、消音効果はMk.Iよりも高かった。全長31.5cm、重量1100gという扱いやすいサイズで、諜報活動や特殊作戦に多用されたという。

ウェルロッドMk.IIのバリエーションとして開発されたスリーブ・ガンは、暗殺に特化したものだった。グリップのない筒状で、パッと見ただけでは銃と分からない形状をしていた。

暗殺を実行する際は服の袖などに隠し持ち、人混みに紛れて対象者に近づいて発射した。雑踏で発射音がかき消されるほどだったので、周囲に銃を使ったことを気づかれにくく、現場からの生還率向上にも貢献したという。

## サイレンサー銃

### 銃声音がとても小さいピストルとマシンガン

戦時中、銃声音が小さいサイレンサー付きの銃が活躍した。普通の銃とは違う構造を見ていく。

### ピストル

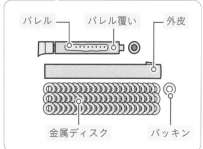

バレル　　バレル覆い　　外皮

金属ディスク　　パッキン

#### ハイスタンダードH-D

1944年ハイスタンダード社が開発したサイレンサー付きピストル。バレルに燃焼ガスを拡散する穴が多数あり、外皮内の前方にある何重にも重ねた金属ディスクが振動を吸収し、消音効果を高めている。

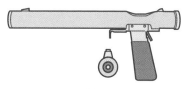

#### ウェルロッドMk.Ⅱ消音ピストル

SOE（イギリス特殊作戦執行部）の特殊兵器研究所で第二次世界大戦時に開発された。発射方法はコッキング・ノブを90度回転させてボルトを引き出し弾を装填。ボルトを押し込み、ノブを反対方向へ90度回して引き金を引く。

#### スリーブ・ガン

ウェルロッドのバリエーションで、筒状になっているピストル。服や袖に隠し持ち、人混みに紛れて接近し発砲した。

### サブマシンガン

#### M3Sベル・サイレンサー付きサブマシンガン

第二次世界大戦中にサブマシンガン不足を補うために開発されたM3サブマシンガンに、消音機能をつけて改良したもの。OSSの隊員用に開発された。

#### ステンMK.Ⅵ

ステンMk.Ⅴにサイレンサーをつけたもの。消音効果が高く、発射時の音はボルトの作業音がする程度だったという。

# 葉巻や手袋、ベルトを模した
# ピストルを使った

| 該当する年代 ▷ | 20世紀初頭 | 20世紀中頃 | 20世紀後半 | 21世紀以降 |
|---|---|---|---|---|

| 該当する組織 ▷ | CIA | KGB | SIS | 特殊部隊 | その他の諜報機関 |
|---|---|---|---|---|---|

## ◉ 不意をつき、敵を怯ませる
## 銃に見えない偽装銃

スパイにとって護身用の武器は必須だ。しかし、民間人を装わなければならない任務において、大げさな武器を携帯するわけにはいかない。そこで開発されたのが、銃に見えないように偽装された隠し銃である。

わずか全長12.5cm・22口径の葉巻型ピストルは、その名の通り葉巻を模したものだ。発射できる弾は1発のみ。引き金の代わりに後部の紐を引くしくみで、殺傷力は極めて低かった。敵に捕まりそうになったとき、タバコを吸うふりをして発射。発射音とガスの噴射によって相手が怯んだ隙に逃げるなど、威嚇に用いるのが中心だった。

一方、外見からはパイプにしか見えないパイプ・ピストルも弾は1発限りだったが、3.5m以内にいる相手に対しては殺傷力を有していた。なお、発射口は吸い口部分にあったため、パイプを吹かしながらの一撃というわけにはいかなかった。

ナチスドイツで高級将校の護身用として開発されたのが、ベルトのバックルを模したバックル・ガンである。敵の捕虜となった際、武装解除のためにベルトを外すふりをして発射するなどの運用法が想定された。しかし、ベルトの位置から撃つため、狙いを定めにくく、また殺傷可能範囲も狭かったという。

第二次世界大戦期にアメリカで製作されたのが、革手袋に38口径を取りつけた革手袋ピストルだった。手の甲に固定されたピストルを相手に密着させてから撃てたため、発射音も小さく、非常時には役立った。ただし、再充填ができるものの、基本的には1発しか撃てなかった。

ほかにもさまざまなタイプの銃が考案・製作されたが、いずれも敵を欺くことに主眼が置かれていたため、命中精度や殺傷能力は高くなかった。

## 隠し銃

### 緊急時に使用した銃に見えない隠し銃

葉巻や指輪、手袋、ベルトなど日用品のなかに銃を仕込んだ。
いざというときに逃げるためや暗殺用として使用された。

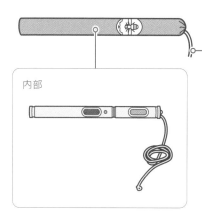

ひもを引くと発射

内部

### 葉巻型ピストル

葉巻状のケースに包まれた小型のピストル。全長12.5cm。殺傷能力は低く、発射時の爆発音とガスの煙で敵を怯ませるために使う。弾丸は1発のみで、うしろのひもを引くと発射する。

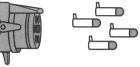

### リング・ピストル

19世紀のフランスで製作された武器。ピストルの輪胴を回転させて、5発撃つことができた。超小型ピストルなので主に護身用として使用された。

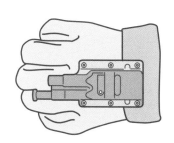

### 革手袋ピストル

革手袋に単発式ピストルを取りつけた特殊銃。第二次世界大戦期にアメリカの海軍情報部が製作した。手を握り、トリガーを相手に押しつけるようにして撃つ。1発しか撃てなかった。

### バックル・ガン

ベルトのバックル部分がピストルになった武器。ドイツで製作され、ナチス・ドイツの高官や親衛隊の高級将校などが使用した。バックルの蓋を開き、左側のバレルを起こし、トリガーを押して射撃する。ベルトを外すふりをして使用した。

# 傘や鉛筆、シャーペンなどの
# 日用品を武器にした

| 該当する年代 ▷ | 20世紀初頭 | 20世紀中頃 | 20世紀終盤 | 21世紀以降 |
| --- | --- | --- | --- | --- |

| 該当する組織 ▷ | CIA | KGB | SIS | 特殊部隊 | その他の諜報機関 |
| --- | --- | --- | --- | --- | --- |

## ◎ 万一に備えて隠し持った ナイフや特殊武器

スパイの扱う武器の中で接近戦用の武器として多用されたのがナイフである。しかし、ナイフを使った格闘は高い技術が必要であり、長い訓練期間を要した。そこで開発されたのが、簡単に、そして確実に敵を倒せるタイプのナイフだった。

全長18.5cmのフリスク・ナイフは、服の下に隠しやすいよう全体が平たく作られていた。緊急時に備え、上腕や下腿にテープなどで装着。手ぶらを装いつつ、不意をついて相手の急所を刺したという。

ラペル・ナイフは、親指ナイフと呼ばれるほど小型（全長7cm）なもの。ジャケットの裏側などに隠し持ち、敵に見つかった際、相手の顔面や手首を切りつけ、その隙に逃げるといった使われ方をした。同様の使われ方をした武器に、芯の代わりに十字状の刃を入れた殺人鉛筆があった。

対人戦闘以外にも、数多くのナイフが考案された。破壊工作を目的としたスパイが用いた折りたたみ式のサボタージュ・ナイフは通常の刃のほか、3cmの爪状の刃がついていた。これはクルマのタイヤをパンクさせるために使われた。また敵に捕まり、両手両足を縛られたときに備え、靴のかかとやコインの裏側に内蔵されたナイフを携帯することもあった。なお、ナイフを隠すコインには少額のものが使われたという。ポケットのなかを検査をされても、価値の低いコインであれば見逃される可能性が高かったためである。

ナイフ以外にもさまざまな武器があった。たとえば、1978年のロンドンで反体制活動家だったゲオルギー・マルコフの暗殺に使われたのが、毒入りの弾を撃ち出す殺人傘である。市街地でスパイに毒弾を撃ち込まれた彼は、いきなりの激痛でその場に倒れ、3日後に亡くなっている。

## 特殊武器①

### 小さくても恐ろしい、人を簡単に殺す武器

戦時中のスパイたちは巧妙な方法で武器を隠し持っていた。
小さくて日用品にしか見えないものが多かった。

殺人傘

毒入りの小さな弾丸が仕込まれた傘型の銃。ソ連国家保安委員会(KGB)が製作したといわれている。傘型のため射撃の威力は少ないが、毒で相手を確実に殺した。

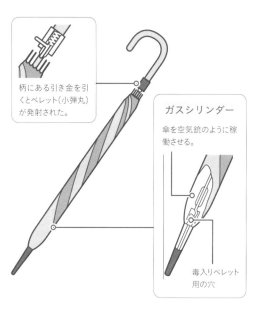

柄にある引き金を引くとペレット(小弾丸)が発射された。

ガスシリンダー

傘を空気銃のように稼働させる。

毒入りペレット用の穴

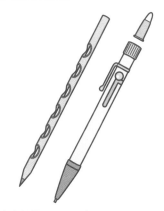

殺人鉛筆・シャープペン

鉛筆やシャープペンにカモフラージュした接近戦闘用の武器。鉛筆は中に十字状の刃が入っていて、突き刺して使用した。シャープペンには小型のクロム弾が仕込まれていて、とっさのときに護身用として使用した。

シンプル・スラッシャー

クルマのタイヤをパンクさせるために使用された武器。リング型で小さく、隠しやすかった。逃げるときに相手を切りつけて時間をかせぐこともできた。

**POINT**

### スパイは至るところにナイフを仕込んでいる

いつどこで敵に襲われるか分からないのがスパイの宿命。そのため着ている服の襟元や袖口、履いている靴のかかとに特殊なナイフを仕込んでいる。もしも手足を縄で縛られても、仕込んでいたナイフを使って逃走をはかるのである。ちなみに、仕込んだナイフはとても小さいものなので殺傷能力は低い。ただ、小さいがゆえに身体検査をスルーできるという利点があった。

## いざというときの隠しナイフ

ナイフはスパイにとって必需アイテム。いつ捕まっても逃げられるように、あらゆるところに隠し持っていた。

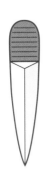

### メシィ・ナイフ

戦時中に情報部工作員が携帯していた小型ナイフ。コートの襟や袖に隠し込んだ。逮捕されたとき監視兵を切りつけ逃走するために使用した。このナイフを使えば「メシィな（乱雑な）」状態になることから名づけられた。

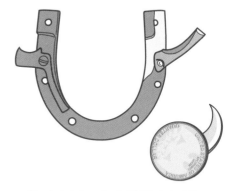

### 靴のかかとやコインに隠されたナイフ

靴の裏側のかかと部分に取りつけられた隠しナイフ。攻撃用ではなく、両手足首を縛られたときに、ロープやテープを切って逃走するために使用した。コイン型のナイフも同じ目的で使用。ポケット内を検査されても見つからない可能性が高かった。

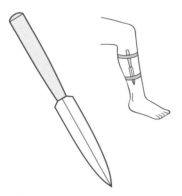

### フリスク・ナイフ

OSSで使用されたナイフ。上腕部や膝から足首にテープで装着して隠し持った。体に密着して隠しやすいように全体が平たく作られていて、緊急時に相手の急所を突いて使用した。全長18.5cm。

### サボタージュ・ナイフ

折りたたみ式のナイフ。通常のナイフのほかに爪のような刃がついている。敵のトラックやクルマのタイヤに突き刺してパンクさせるために使用した。暗殺用よりも破壊工作を行うためにデザインされた。

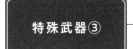

**特殊武器③**

## 相手の隙をつくための特殊な棍棒

スパイが持つのはナイフだけではない。ダメージは少ないが、相手の隙をつきやすい棍棒もよく使われた。

### スプリング・コッシュ

第二次世界大戦期にSOEやOSSが使っていた飛び出し式警棒。折りたたみ式で袖などに隠し持ち、そっと取り出して打ち下ろした。全長30cm。

スプリング・コッシュを持った腕を振り下ろすと、三段式の棍棒が伸びる。先端に重りがついていて、攻撃すると大きなダメージを与えることができた。

### スリーブ・ダガー

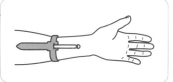

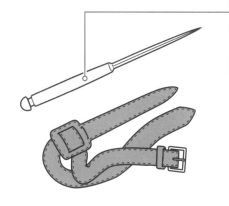

錐のような形をしたナイフ。腕に巻きつけた鞘に収納して隠し持ち、いざというときに引き抜いて相手を突き刺す。ハンドル部の先端が突起になっていて相手を殴り倒すこともできる。全長17.5cm。ダガーとは短刀を意味する。

23

# 無音で殺せる矢を用いた 特殊銃があった

| 該当する 年代 ▷ | 20世紀 初頭 | 20世紀 中頃 | 20世紀 後期 | 21世紀 現在 |
|---|---|---|---|---|

| 該当する 組織 ▷ | CIA | KGB | SIS | 特殊 部隊 | その他の 諜報機関 |
|---|---|---|---|---|---|

## ◎ 弾丸の代わりにダートを発射 音のしない武器の数々

　第二次世界大戦中は、サイレンサー銃以外にも、音を立てずに敵を倒すための武器が数多く開発された。そのひとつが弓の名手として知られるウィリアム・テルの名を冠したクロスボウ（洋弓銃）である。

　クロスボウの特徴としては、サイレンサー銃よりもより発射音が小さいこと、火薬を使わないため発射炎が出ず、周囲に気づかれにくいことなどが挙げられる。なかでもウィリアム・テルは、ダート（矢）の初速63km、射程距離200m（ただし、1発で敵を倒せる距離は30mといわれている）という性能を誇った。

　ビゴットと呼ばれた改造ピストルは、弾の代わりに17cmのダートを発射するというものだった。改造に使用された銃は、アメリカ軍の正式拳銃として用いられていたコルトM1911。

また、レジスタンス用として大量生産されたリベレーター・ピストルでも代用することができた。

　イギリスでは全長18cmの万年筆型のダート発射器が開発された。使用されたダートは極小のもので、レコード針ほどだった（本物のレコード針が使われたともいれている）。空気銃と同じ方式——スプリングとピストンでシリンダー内の空気を圧縮してダートを射出。射程距離は12mだった。相手に致命傷を与えるほどの威力はなかったため、一部のスパイたちは針に毒を塗って使っていたといわれている。

　消音性能の高い武器は、街頭や広場で演説中の要人暗殺するという想定のものが多かった。しかし実際の作戦には、サイレンサー付きのピストルやライフルなど、連射可能で実用性の高い銃器が用いられることが多かった。銃以外の消音武器の多くは、実戦で使われることはなく、試作されるにとどまったようである。

## 特殊武器
## （ピストル）

### 音もしない、火薬も使わない、高性能の特殊銃

音のしない特殊銃は、多くのものが試作に終わった。しかし、改良を重ね、実戦でも使用された3つの銃を紹介する。

**ウィリアム・テル**

サイレンサー付きのピストルやライフルよりも発射音が小さく、火薬を使わない銃。SOEやOSSが開発し、重量2kg、時速63kmの初速で射程距離200m（確実に1発で狙える距離は30m）。離れた距離から気配を消して相手を倒すことができた。

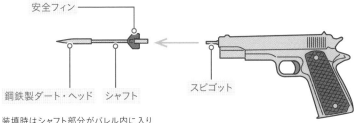

安全フィン

鋼鉄製ダート・ヘッド　シャフト

スピゴット

装填時はシャフト部分がバレル内に入り込んでいる。トリガーを引くとスピゴットが前方へ押し出されダート・ヘッド内部の雷管を突いて撃発。ダートが発射し、安全フィンが後部へ移動する。

**ビゴット**

ダート（矢）を発射する改造ピストル。OSSが開発した。ピストルはコルトM1911が使用され、ダートは大量生産されたリベレーター・ピストルでも発射することができた。ダートの長さは17cm。

**ダート・ペン**

万年筆型のダート発射器。イギリス陸軍情報部が開発し、フランスでのレジスタンスに供給された。射程は12mと短く、威力が小さかったため針に毒を塗って使用したという。全長18cm。

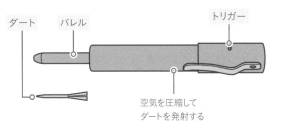

ダート　バレル　トリガー

空気を圧縮してダートを発射する

# 女性スパイはアイスピック型の ナイフを好んだ

| 該当する年代 | 20世紀初頭 | 20世紀中頃 | 20世紀終盤 | 21世紀 |
|---|---|---|---|---|

| 該当する組織 | CIA | KGB | SIS | 特殊部隊 | その他の諜報機関 |
|---|---|---|---|---|---|

## ◎ 効率的に人を殺すために 開発されたナイフの数々

スパイにとっての必須スキルのひとつが殺人術である。特に音を立てずに相手を倒すナイフ術や格闘術が重要視された。スパイたちが訓練に励む一方、より効率よく敵を倒すための戦闘ナイフが開発された。その中心となったのがイギリス陸軍に所属していたW・E・フェアバーン大尉だった。

日本の柔道や中国武術を学んだフェアバーン大尉は、軍隊格闘術の源流ともいえるフェアバーン・システムを生み出した人物である。1940年、同じくイギリス陸軍に所属するE・A・サイクス大尉と共同でフェアバーン・サイクス戦闘ナイフを設計した。当時、2人が勤務していた上海で、犯罪に使用されていた上海ナイフを大柄の白人が使用しやすいよう改良したものだった。全長は30cmで刃渡りは18cm。なお、18cmという長さは、服の上から

でも相手を確実に倒せるよう外套（がいとう）を着用した状態の敵を想定して決められたといわれる。1941年にはコマンド部隊が実戦で使用。その後、諜報機関でも採用され、スパイにも支給されるようになった。

もうひとつ、フェアバーン大尉が設計した戦闘用ナイフにスマチェット・ナイフがある。農作業用のボロ・ナイフやマチェーテを参考に開発されたもので、全長41cm、重量1kg。刀身は肉厚で葉っぱのような形状だった。

ナイフは切る武器というイメージがあるが、突き刺すことに特化したタイプもあった。アイスピックのような形状の突き刺し専用ナイフがそれである。刃の断面は円ではなく、刺し傷からの出血が多くなるよう三角形をしていた。また持ち手はメリケンサックのような形状で、指3本で握って心臓などの急所を刺したという。非力であっても相手に致命傷を与えられるとして、女性スパイに好まれた武器である。

# 特殊ナイフ

## 短時間で急所をしとめる特殊戦用ナイフ

戦闘中はできるだけ効率的に短時間で相手を倒さなければならない。そのために殺人に特化したナイフが多く開発された。

人体の急所を突き刺して短時間で素早く相手を倒せるように訓練が行われた。

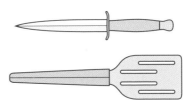

### フェアバーン・サイクス戦闘ナイフ

1940年、イギリス陸軍W・E・フェアバーン大尉とE・A・サイクス大尉によって設計された戦闘用ナイフ。上海ナイフが原形で、重ね着した服の上からでも急所を突けるよう改良した。1941年のノルウェー奇襲作戦でコマンド部隊が使用した。

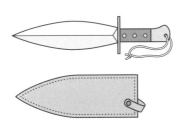

### スマチェット・ナイフ

第二次世界大戦中にイギリス陸軍W・E・フェアバーン大尉が設計した戦闘用ナイフ。フィリピンやインドネシアで農作業の道具として使われていたナイフを参考にした。葉っぱのような形で、全長41cm、重量が1kgある。刃が肉厚で硬度が高く、切れ味がよかった。

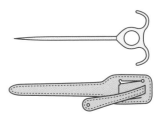

### 突き刺し専用ナイフ

相手を突き刺すためだけに使用されたアイスピック形のナイフ。SOEで使用された。指3本で握り、相手の頭部や心臓などの急所に突き刺した。刃の断面が三角形になっていて、円形よりも刺し傷の出血が多くなるよう設計されている。突き刺すだけで倒せるため、女性がよく持っていた。

# 光学迷彩やドローンetc.
# SF映画も顔負けのハイテク機器

| 該当する年代 ▷ | 20世紀初頭 | 20世紀中頃 | 20世紀終盤 | 21世紀以降 |
| --- | --- | --- | --- | --- |

| 該当する組織 ▷ | CIA | KGB | SIS | 特殊部隊 | その他の諜報機関 |
| --- | --- | --- | --- | --- | --- |

## ◎ 先端テクノロジーによる高性能スパイ装備の数々

スパイ活動に用いられる兵器は日々、進化を遂げている。その代表ともいえるのがUAVである。

UAVとはUnmanned Aerial Vehicleの略で、一般的に無人の航空機を指す。無線による遠隔操作のものと、コンピュータプログラムによる自律飛行をするものに分けられる。多くの場合、スパイ偵察機としてデジタルカメラやビデオカメラを搭載。敵の偵察や空からの監視に役立っている。

「光学迷彩」は隠密を要するスパイ活動に不可欠。最新テクノロジーを駆使した装備だ。迷彩とは自分を周囲の風景に溶け込ませて発見されにくくするもので、迷彩柄の軍服などが代表例である。予め現地の色彩に合わせる迷彩服に対して、光学迷彩でスクリーンに見立てた人の体に背景を映写するという魔法のような技術が用いられている。そ

れを可能にしたのが入射と同じ方向に光を反射させる「再帰性反射材」と呼ばれる素材だ。服などの対象物に再帰性反射材を塗布し、プロジェクターなどで映像を映すことでリアルタイムの光学迷彩が可能となった。

相手から見えづらく、自分は見やすい。スパイ活動を行う上で、これほど有利な状況はない。見えづらくする兵器が光学迷彩ならば、見やすくする兵器はナイトビジョンだといえる。暗闇でも、ハッキリと見ることのできるナイトビジョンは、星明かりなどのわずかな光を増幅させるスターライトスコープタイプと、物質が出す赤外線を増幅・可視化するパッシブ式赤外線スコープタイプに大別される。

ほかにも360°の映像と音声を2時間にわたって送信できるボール型の偵察カメラやペン型のICレコーダー、携帯電話型拳銃など、スパイ活動を支えるハイテク装備は多数存在する。まるでSF映画のようである。

## ハイテク機器①

### さりげなく使える超ハイテク小型装備

テクノロジーの進化により、ハイテクなスパイ道具が開発されている。持ち運びに便利で高性能の小型機器を紹介する。

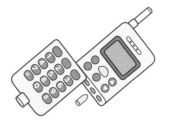

**特殊スタンガン**

特殊スタンガンは電気スタンガンと違い「意識はあるが動けない」状態にさせる武器。脳波からの電気信号を阻害する機能があり、筋肉を動かす神経が伝わらなくなるというしくみ。相手を尋問するときに有効で、FBIが採用している。

**携帯電話型拳銃**

ガラケー携帯型の偽装銃。ダイヤルを押すとアンテナ部分から実弾を発射。連続で4発の弾丸を発射でき、10m先の標的を殺傷する威力がある。密輸問題が深刻化し、空港で搭乗客に携帯電話が本物かどうかチェックする国がある。

**アイボール**

ボール型の軍用偵察カメラ。直径85mmの大きさで、偵察場所に投げ込んだり、転がしたり、吊るしたりして使用する。立てこもり事件や崩落事故現場などでよく使われ、危険な場所でもなかの様子を確認しながら突入することができる。

**ペン型ICレコーダー**

ボイスレコーダー機能が搭載されているボールペン。形や機能はさまざまな種類がある。通常のペンとしても使用でき、机でメモを取りながらも録音することができる。録音のほかに描いた文字を読み取る機能や翻訳機能がついたものまである。

## 空のハイテク機器でラクラク偵察

ハイテク機器により空からの監視が簡単に行えるように
なった。**機体が小さく、都市部でよく使われている。**

### 小型ドローン

犯人の監視や追跡のほか、電気ショック銃を搭載して
犯人を検挙するなど多様な運用が可能。近年では特に
欧米がドローンを使った警備活動が取り入れられていて、
開発も進んでいる。図はハイカム・マイクロドローンで高
度50m、範囲は半径約150m以内の飛行が可能。

### HMD（頭部装着ディスプレイ）

ドローンはコントローラーで操縦す
る。ドローンに取りつけられたカメ
ラ画像を見るHMDを装着して、自
分が飛行しているような感覚で操
縦することができる。

### カメラ搭載小型飛行機

偵察用や民間用に空撮を楽しむための小型飛
行機。軍用としてはUAVシステムが搭載された
「モスキート」という飛行機があり、全長85cm
の大きさで、空から敵を偵察する。基本的な
操作は遠隔操作で行う。

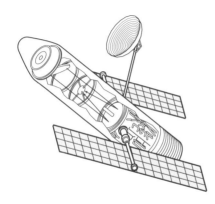

### スパイ衛星

1976年、アメリカで本格的な画像電送を可
能にするためにKH-11という初号機の衛星が
打ち上げられた。反射式望遠カメラで撮られ
た画像が電気信号に変換され、地上の受信
局に転送される。こうした衛星は打ち上げの
たびに画像の解像度が改良され、夜間偵察
が可能なものもある。

## ハイテク機器③

### あらゆる状況を考えて開発されたハイテク機器

暗闇でも周りが見えるゴーグルなど、魔法のような装置が新たに開発されている。その一部を紹介する。

### ナイトビジョン

暗闇でも周りが見える装置。わずかな光や温度による赤外線を通して、物体を可視化する。もともとは軍事用として使用されていたが、近年ではクルマに搭載され、夜間に歩行者の存在を知らせる機能としても使用されるようになった。ゴーグル型や双眼鏡型、防水型などあらゆる用途のものがある。

### 腕時計カメラ

カメラ機能がついている腕時計。男性用の腕時計とほぼ同じ大きさで、時間を確認しながら撮影することができる。円形のフィルムが内蔵され、6コマの撮影が可能。通常のカメラにあるファインダーがなく撮影が難しいため、撮影技術が必要とされる。

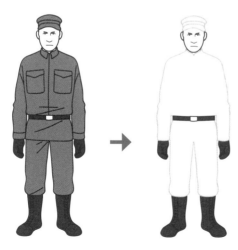

### 光学迷彩

物体を光学的にカモフラージュする迷彩素材。カメレオンのように背景に合わせて擬装でき、自身を透過させるものも開発されている。衣服などのあらゆる形状にも用いられ、視覚的なカモフラージュだけではなく、レーダーにも探知されにくいステルス技術が開発されている。

# 防弾チョッキは
# 銃弾には強いが刃物には弱い

## ◎ 任務遂行の第一歩となる
## 自分の身を守るための装備

つねに死と隣り合わせの状況で任務にあたるスパイにとって、自衛の装備は不可欠なものだ。

数ある自衛装備のなかでも、特に有効とされているのが防弾チョッキである。その歴史は古く、西部開拓時代には原形となるものがあったといわれている。防弾チョッキが現在の形となったのは1900年代以降。その後も銃の高性能化に伴い進化を続けている。

現在の防弾チョッキは、その構造から大きく2種類に分けられる。ひとつは金属の板を内蔵するものだ。板の厚みや材質によって、ピストルの弾丸を防ぐことができる。半面、相当に重く、ライフル弾を防ぐタイプともなれば10kgを超える。また、弾が反射して周囲に危険を及ぼすこともある。

もうひとつは特殊な繊維を何重にも編み込んだタイプ。これは着弾時のエネルギーを緩和させることで致命傷を防ぐというもの。耐熱・耐摩擦効果が高いのも特徴である。ただし、貫通は避けられるものの弾の衝撃は受けるので、ノーダメージとはいかない。また刃物による攻撃に弱く、簡単に切り裂かれてしまう。とはいえ、スパイにとって目立たないこと、身軽に動けることは重要である。任務では編み込みタイプの防弾チョッキを服の下に着込むケースが圧倒的に多いようだ。

ナイフに代わる護身用の武器として、携帯されているのがスタンガンである。電気ショックによって相手を攻撃する武器として有名で、最大の特徴は相手に怪我を負わせないことだ。映画などでは相手を気絶させるシーンが登場するが、実際には痛みを与え、相手を怯ませる効果しかない。スパイ活動においては、時として相手に流血させないというのも重要である。血の跡を残さないため、隠密行動に向いているのである。

## 防具

# トレンチコートは戦闘服だった

男女ともによく着られるトレンチコートは、もともと戦時中、身を守るために作られた戦闘服だった。

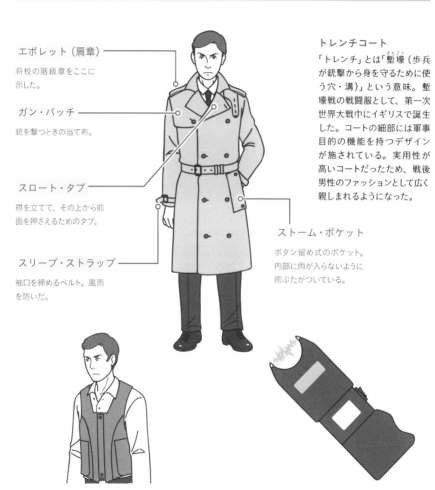

**エポレット（肩章）**
将校の階級章をここに示した。

**ガン・パッチ**
銃を撃つときの当て布。

**スロート・タブ**
襟を立てて、その上から前面を押さえるためのタブ。

**スリーブ・ストラップ**
袖口を締めるベルト。風雨を防いだ。

**トレンチコート**
「トレンチ」とは「塹壕（歩兵が銃撃から身を守るために使う穴・溝）」という意味。塹壕戦の戦闘服として、第一次世界大戦中にイギリスで誕生した。コートの細部には軍事目的の機能を持つデザインが施されている。実用性が高いコートだったため、戦後男性のファッションとして広く親しまれるようになった。

**ストーム・ポケット**
ボタン留め式のポケット。内部に雨が入らないように雨ぶたがついている。

**防弾チョッキ**
一般的な防弾チョッキは金属板が仕込まれているが、スパイが着るものは特殊な繊維を使ったタイプのものが望ましい。軽くて防弾性も高く、耐熱効果もある。ただし刃物には弱く、切りつけられるとすぐに破れてしまう。

**スタンガン**
電気ショックによって相手を攻撃する道具。5万〜110万Vの電圧があり、触れると痛いが殺傷能力はない。相手に怪我を負わせずに攻撃できるのが特徴。よくメディアでは相手を気絶させる描写があるが、実際は難しい。

銃

特殊武器

防具

偵察アイテム

乗り物

# 逃げる際は忍者のように煙幕を用いる

## ◎ 撹乱、足止めに効果的な3種類の逃走用アイテム

日本におけるもっとも有名なスパイが忍者である。彼らが使うさまざまな忍術アイテムは、現在のスパイ活動においても活用されている。代表的なものが煙幕とまきびしである。

煙幕は大量の煙を発生させ、相手の視界を奪いつつ逃走するための道具だ。さまざまなタイプがあるが、スパイが用いるものとして一般的なのは、携帯性に優れた発煙手榴弾である。見た目はスプレー缶のようだが、なかには煙の元となる混合剤が入っていて、安全装置を外すことで煙が噴出する。わずかな風でも拡散するため、密閉された部屋であれば、あっという間に相手の視界を奪うことができる。さらに近年の煙幕には赤外線センサーの妨害や照射レーザーを遮る効果もあるという。

まきびしはトゲ状の金属を地面に撒いて、敵の侵攻を遅らせるための道具

である。現代においてはタイヤスパイクとして、クルマをパンクさせ、敵の機動力を奪う武器として活用されている。一般的な形状はまきびしとほぼ同じで、どのように転がしても必ずトゲが上を向くようになっている。なお、砂地など、地面が軟らかい場所ではタイヤスパイクの効果は発揮されない。そこで、砂地でも同様の効果が得られるサンドスパイクという道具も開発されている。

もうひとつ、逃走用アイテムとして広く使われているのが催涙ガススプレーである。その中身は唐辛子を主成分とするOCガスが一般的。相手の目や鼻めがけて射出する。その威力は凄まじく、数秒当てただけで、すぐに効果を発揮し、30分は持続する。特にはじめの10分ほどは、何もできなくなるといわれている。噴射方式については、相手に命中させやすい霧状タイプ、射程距離の長い水鉄砲タイプ、2つの中間にあたる泡状タイプの3種類がある。

## 逃走アイテム

### 小さいのに効果絶大な護身アイテム

スパイは身軽さを優先するため、身を守る道具も携帯性に優れているものが求められる。そのアイテムを紹介する。

**催涙ガス**

相手の目や鼻に吹きかけると、強烈な刺激を与えて戦闘不能にさせるガス。焼けるような痛みを与え、涙や鼻水がとまらなくなり、立っていることも困難になる。「霧状タイプ」のスプレーは広く拡散し、相手が大勢でも効果がある。ただし自分にもかかる可能性がある。

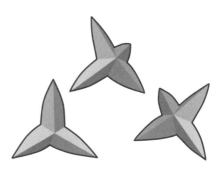

**発煙手榴弾**

煙を発生させて姿をくらまし、逃げるための装置。スパイが持つものは携帯性に優れているものがよいため、手榴弾タイプのものが多用される。爆発はせず、安全装置を外すと穴が空き、煙が噴き出る。現代では身を隠すためだけでなく、赤外線センサーを妨害するためにも使用されている。

**タイヤスパイク**

地面にまき、その上を通ったクルマのタイヤをパンクさせる道具。どのように置いてもトゲが上を向く。大きさは10cmほどで、日本の忍者が使っていた「まきびし」よりも大きく鋭い棘がある。地面が軟らかい砂漠では不向きで、クルマの重みで沈んでしまう。

スパイ道具の<br/>作法<br/>その9

# スパイたちに人気のカメラは市販品だった

| 該当する年代 | 20世紀初頭 | 20世紀中頃 | 20世紀終盤 | 21世紀以降 |
|---|---|---|---|---|

| 該当する組織 | CIA | KGB | SIS | 軍の諜報部隊 | その他の諜報機関 |
|---|---|---|---|---|---|

## スパイの代名詞ともいえる小型カメラは1936年に誕生

　敵地に潜入したスパイが極秘文書を見つけ出して、手早く写真に収める。スパイ映画の定番シーンである。実際、スパイが隠し撮りを行うケースは多く、その際に使用された代表的な機種がミノックス・カメラだった。

　1936年、ドイツ人光学技術者であり、ミノックス社の創業者でもあったヴァルター・ツァップを中心としたチームによって開発されたミノックス・カメラは、もともと市販用として発売されたものだった。しかし、その驚異的な性能により、1990年代まで幅広くスパイ活動に使用されていた。

　このカメラの優れていた点のひとつはコンパクトさであった。全長約8cmという手の中に収まるサイズでありながら、シャッタースピードの高速化を実現。19mmのフィルムカセット1本で50枚の写真撮影が可能だった

ことも、その普及に寄与した。さらに高性能レンズによって撮影した写真を大きく引き伸ばすことも可能だった。なお、このカメラにはピント調節機能がなく、最短撮影距離が50cmだったため、文書撮影の際は、50cmに切られた計測用のチェーンを垂らして距離を測ったという。

　1950年前後には人目のあるなかでの隠し撮りが可能な小型カメラが数多く開発された。マッチボックス・カメラやライター型カメラ、腕時計型カメラがそれである。

　マッチボックス・カメラはその名の通り、マッチ箱ほどの大きさのカメラ。使われる地域で実際に売っているマッチのラベルを貼りつけていた。ライター型カメラは一般的なオイルライターの中に小型のカメラを組み込んだもの。実際に火をつけることも可能だった。

　2000年以降、小型カメラでもフルカラー撮影や連写機能が可能にり、画像も鮮明なものになっていった。

## 小型カメラ

### 絶対バレないように改良された小型カメラ

スパイは潜入先で機密書類などの情報を隠し撮りをする。そのために小さくて高性能なカメラが開発された。

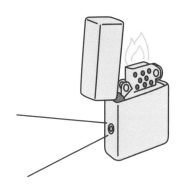

**ライター型カメラ**

通常のライターに写真機を搭載した盗撮用カメラ。実際にライターとして使え、タバコに火をつけながら撮影できた。1950年代に日本で製造された「エコー・8」は、映画『ローマの休日』の新聞記者のジョーが使用している。

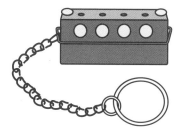

**ピンホール・カメラ**

KGBのスパイが1980年代に使用していた小型カメラ。写真レンズを使わずに針の穴（ピンホール）を利用して作られた。被写体がどの位置にいてもピンボケしないが、鮮明な写真は撮れない。また動くものは撮ることができない。

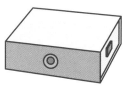

**マッチボックス・カメラ**

小型カメラの箱にマッチのラベルを貼りマッチ箱に見せかけた隠し撮り用カメラ。第二次世界大戦中、OSSが使用していた。ラベルは使用する地域によって貼り替えた。目立たないので受け渡しは容易に行えた。

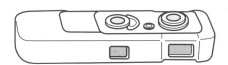

**ミノックス・カメラ**

1990年代まで各国の諜報組織で使われた小型カメラ。もともとは1936年に発売された市販用のカメラだったが、小さくて高性能なためスパイが使うようになった。焦点機能がないので撮るときは計測用チェーンを使い距離を定めた。

スパイ道具の
作法
その10

# 虫やフンに擬態させた
# 偵察アイテムを使った

| 該当する年代 ▷ | 20世紀初頭 | 20世紀中頃 | 20世紀後半 | 21世紀以降 |
|---|---|---|---|---|

| 該当する組織 ▷ | CIA | KGB | SIS | 特殊部隊 | その他の諜報機関 |
|---|---|---|---|---|---|

◎ **時代の中に埋もれていった
一風変わった秘密道具**

アメリカのCIAでは、スパイが使用する特殊なアイテムをスニーキーと呼んでいる。盗聴や盗撮、敵に見つかった際の逃走用アイテムなど、スニーキーにはじつに幅広いアイテムが含まれているのだ。

たとえば、一見何の変哲も無いヘアブラシ。だが、なかには刑務所の鉄格子を切るためのノコギリや方位磁針、敵の占領地を示した地図などが収納されていたりする。なお、脱出するためには地図は非常に重要であり、逃走用の地図はさまざまな方法で携帯された。変わったところでは地図が隠されたトランプがある。トランプの表面を剥がすと地図の断片が描かれており、カードをナンバー順に並べると1枚の大きな地図が完成するというものだ。

鍵のかかった建物に侵入する際に活用した万能ナイフもスパイの代表的な

スニーキーだ。現在の十徳ナイフのような形状をしたもので、幅広い錠に対応した工具が収められていた。ちなみに錠を開けるにはそれなりの技術を要し、その指導には引退した泥棒が雇われたという。

数ある特殊アイテムの中には実用性を疑いたくなるようなものも多数含まれていた。そのひとつがハトカメラである。鳩にカメラを取りつけて上空から目標を撮影するというもので、第一次世界大戦ではイギリスが実際に使用していた。1970年代にはCIAがマイクロセンサーを搭載した昆虫型MAV（超小型無人飛行機）を開発。全長約6cmのトンボを模した機体で、羽を上下に動かしながら飛んだという。同じく1970年代にはアメリカで動物のフンを模した発信機が作られ、ベトナム戦争に導入されている。樹脂製のフンの中にセンサーや送信機、バッテリーが内蔵され、ベトナム軍の動きを把握していたという。

## 特殊アイテム

### 意外なものをスパイ道具として活用！

諜報活動で使用される道具としてさまざまなものが開発された。ここでは少々ユニークなツールを紹介する。

**ハトカメラ**

鳩に自動でシャッターが降りるカメラを取りつけて、敵地の上空へ飛ばした。第一次世界大戦中各に国で使用された。

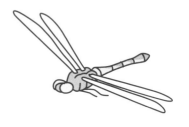

**昆虫型MAV**

情報収集のため1970年代にCIAが開発した超小型飛翔物体。トンボに擬態し、体内に小型モーターを搭載。羽根を上下運動させ飛行した。

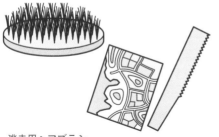

**逃走用ヘアブラシ**

ヘアブラシの毛を引っ張るとなかが空洞になっていて、逃走器具が出てくる。刑務所の鉄格子を切るためのノコギリの刃、敵地の地図や磁石などが入っていた。第二次世界大戦期に使われた。

**フン型発信器**

1970年代にアメリカが開発。動物のフンに偽装した塊の中にセンサーと送信機、電源を取りつけた。ベトナム戦争時にベトナム軍の動きを特定するのに使われた。

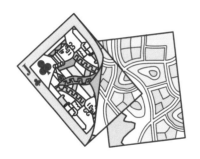

**仕掛けトランプ**

トランプの表面を剥がすと、地図の断片が現れ、各カードをつなげると1枚の逃走用地図になった。第二次世界大戦期に使われたという。

# 砂漠の偵察車両は
# ピンク色に塗って見えにくくした

| 該当する年代 | 20世紀初頭 | 20世紀中頃 | 20世紀終盤 | 21世紀以降 | | 該当する組織 | CIA | KGB | SIS | 特殊部隊 | その他の諜報機関 |
|---|---|---|---|---|---|---|---|---|---|---|---|

## ◎ 目立たない通常の車両から折りたたみ式小型バイクまで

映画『007』シリーズでジェームズ・ボンドは秘密兵器を搭載したボンドカーに乗ったが、現実のスパイはどういう移動手段を利用するのだろうか？　スパイは活動中にその存在を見破られてはいけないので、周囲に溶け込むことを優先する。ボンドカーはアストンマーティンのようなスポーツカーだが、活用されたのはむしろ目立たない中古のセダンなどを活用する。諜報活動の対象が富裕層であれば、その居住区に近づく際などには高級車を運転することもある。

荒野や砂漠を移動して侵入する場合は、特殊な車両にも乗る。イギリスのオフロード車であるランドローバーのピンクパンサーは、イギリス陸軍の特殊部隊SASにも使用された。ピンクパンサーはその名前どおり、砂漠に溶け込むようにピンク色に塗装され、砂に埋まらないように低圧タイヤを採用している。

ランドローバー社の四輪駆動車のレンジローバーもSASに使われた。突入運搬車両として改造されて、設置されたはしごによって高所にも突入部隊を送り込めるというシロモノだ。レンジローバーは第二世界次大戦中には英国軍による極秘の監視活動にも活用された。黒塗りの窓から密かに写真撮影ができたという。

陸路での侵入にはバイクも使われる。バイクは世界各地で普及しているので、現地で入手しやすいというメリットもある。ウェルバイクと呼ばれる折りたたみ式小型バイクは、飛行機から携行した状態でパラシュートで降下することも可能。着地点から素早く目的地に移動できる。

寒冷地の雪上で作戦を行う場合は、起伏の激しい地形でも時速100km以上で移動できる性能を持つスノーモービルが使われる。

## 特殊車両

### 陸路で使われた軍事・偵察用の車両

的に発見されやすい陸地の潜入。車両にはさまざまな工夫がなされている。

**軽攻撃車両 (LSV)**

湾岸戦争時にアメリカとイギリスの特殊部隊で使用された車両。基本的に兵士2〜3人用に設計され、車両の側面に荷物を収納するスペースとラックがあった。奇襲や偵察任務、特殊部隊支援に使われた。

**HMMWV (ハンヴィ)**

1985年からアメリカ軍への配備がはじまった、AMゼネラル社の高機能多目的軍用車両。部隊ごとに独自の改造が施され、弾薬の運搬用から部隊の支援用まで、用途も多岐にわたる。

**ランドローバー**

SASが長年にわたり使用していた、別名「ピンクパンサー」と呼ばれる車両。砂漠に溶け込むように全面にピンク色の塗装が施され、ボンネット上に装着されたスペアタイヤが特徴的。

**スノーモービル**

寒冷地で特殊部隊が使用する高速軍用スノーモービル。起伏の激しい地形でも時速100km以上で走行でき、静かに走行できるよう工夫が施されている。軍の秘密作戦では北極地で行うことも多い。

**ウェルバイク**

第二次世界大戦中、主にイギリス空挺部隊が使用した小型スクーター。折りたたんでコンテナに収納し、そのままパラシュートで投下した。部隊が着陸した後、目的地まですぐに移動できた。

# 敵に攻撃されやすい観測気球は
# 200人の人員で守りを固めた

| 該当する年代 ▷ | 20世紀初頭 | 20世紀中頃 | 20世紀 | 21世紀以降 | | 該当する組織 ▷ | CIA | KGB | SIS | 特殊部隊 | その他の諜報機関 |
|---|---|---|---|---|---|---|---|---|---|---|---|

◎ **南北戦争から冷戦期まで
偵察には気球が活用された**

　18世紀頃に有人飛行に成功した気球は、上空から地上を見下ろせるため、戦場での情報収集でも活用された。空からの偵察に使われたのは、当初は飛行機ではなかったのだ。

　気球を使った偵察は南北戦争からはじまったといわれている。その後、第一次世界大戦でも気球は連合国側と同盟国側の双方で使用された。

　気球には観測員としてパラシュートを着用した砲兵将校が乗り込む。彼らは最大1500mまで上昇して、敵の情報を有線電話で地上に送った。地上の部隊はそれをもとに砲撃などの攻撃を行ったのである。

　空中に浮かんだ気球自体は武装していないため、敵からの攻撃の格好のマトになりそうだが、地上に機関銃や対空砲などを設置し、接近してくる敵の飛行機を攻撃して偵察気球を守った。

　第一次世界大戦後には、飛行機や無線などの発達で有人気球による偵察は廃れたが、その後の歴史においても偵察気球は使用された。アメリカを中心とした自由主義国家とソ連を中心とした共産主義国家が激しく対立した冷戦の時代に、アメリカが無人気球でソ連を偵察したのである。

　偵察用カメラ、気圧計、データ送信機などを搭載したゴンドラを吊り下げた無人気球は、西から東へと吹いている偏西風に乗ってアメリカ大陸からソ連に向かって飛んだ。ソ連の領土内で上空から写真を撮影したあと、太平洋上まで出た気球を回収するという計画だったが、あまり有益な情報は得られなかったといわれている。

　極秘の偵察計画だったため、この無人気球はアメリカ国内では地図作成や気象観測という名目で飛ばしていた。当時、こうした無人気球はたくさん使われていたため、多くの人がUFOと勘違いし、"UFO目撃事件"が多発した。

## 命がけで観測した気球の陣地設営

**観測気球**

気球が軍事用として使われていた時代、気球ひとつを運用するために多くの労力が必要とされた。その様子を見てみる。

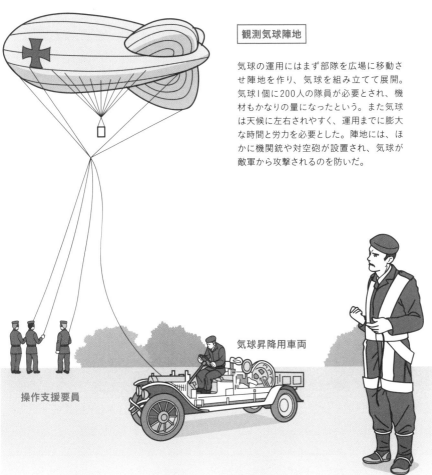

**観測気球陣地**

気球の運用にはまず部隊を広場に移動させ陣地を作り、気球を組み立てて展開。気球1個に200人の隊員が必要とされ、機材もかなりの量になったという。また気球は天候に左右されやすく、運用までに膨大な時間と労力を必要とした。陣地には、ほかに機関銃や対空砲が設置され、気球が敵軍から攻撃されるのを防いだ。

気球昇降用車両

操作支援要員

**観測将校**

観測将校は観測員として、地図とコンパスを使い正確な観測を行わなければならなかった。また、気球はつねに攻撃の対象になったため、乗組員は気球からすぐに脱出できるようパラシュートを着用していた。

# ヘリやパラシュートを使って、スパイは空からも現れる

| 該当する年代 | 20世紀初頭 | 20世紀中頃 | 20世紀終盤 | 21世紀以降 |
|---|---|---|---|---|
| | | | **20世紀終盤** | **21世紀以降** |

| 該当する組織 | CIA | KGB | SIS | 特殊部隊 | その他の諜報機関 |
|---|---|---|---|---|---|
| | **CIA** | KGB | **SIS** | **特殊部隊** | **その他の諜報機関** |

## ◎ SF映画のような未来的な飛行装置もすでに実現！

　スパイの隠密行動で、空から潜入する場合、ひとつの手段としてヘリコプターで目標ポイントに近づくというものがある。

　空からの潜入には迅速かつ正確に行えるというメリットもあるが、天候に左右されるというデメリットもある。

　着陸が可能なら地面でスパイを降ろすが、不可能であれば、スパイはロープをつたって地上に降りたり、パラシュートで降下する。

　パラシュートで降下するときの方法は、HAHOとHALOの2通りがある。1万m上空から降下したあと、HAHOは高度8000mで、HALOは高度750メートルで開傘。HAHOは高度があるため数kmの滑空が可能となり、着陸するまで探知されることなく国境を越えて敵地へ潜入することができる。一方のHALOは降下距離が短いため、敵地へ早く正確な位置に着地することができる。また、パラシュートの傘にも種類があり、傘が四角いラムエアキャノピーは操作性や滑空移動性がよく、特殊部隊などでよく用いられている。

　実用性のある未来的なマシーンとしては、SF映画などに登場するジェット・パックがある。背中に小型ジェットを背負って飛行する装置だ。1984年のロサンゼルス五輪の開会式でジェット・パックを使用した飛行が大観衆の前で行われたため知っている人も多いだろう。

　その後も安全性などに関する開発が進んでいるが、2019年のフランスの軍事パレードではさらに未来的な「フライボード・エア」が登場。まるでアメコミのヒーローのように空を飛び、人々を驚かせた。これはひとり乗りの円盤状の装置で時速190kmものスピードで飛行できるという。開発がさらに進めば、極秘の作戦行動にも使用されるようになるかもしれない。

## 空の乗り物

### 上空からの潜入に使われる隠密飛行具

工作員を敵地へ送り込む際には、主にヘリコプターやパラシュートを使用する。その具体的な方法を紹介する。

### ヘリコプター

FRIES（潜入脱出用ファスト・ロープ・システム）
空中で停止したヘリコプターからロープを吊るし部隊要員を降ろす方法を「ファスト・ロープ」という。しかし、周辺の敵対勢力から攻撃を受ける恐れがある場合、「ファスト・エキストラクション・ロープ」というものを使い、そのシステムをFREISと呼んだ。降下するとき体が回転せずスムーズに動くことができ、緊急性が高いときの着陸や撤退時に使われた。

### パラシュート

「落下傘」とも呼ばれ、空挺部隊の降下や貨物を投下するときに用いられる。特殊部隊が空から敵地にパラシュートを使い潜入するとき、HAHOとHALOの2つの手段があり、HAHOは1万m上空から降下し、高度8000mで開傘。HALOは高度750mで開傘する。

### ジェット・パック

小型ジェットエンジンを背負って飛行する装置。過酸化水素やディーゼル燃料、灯油、メタノールなどがエンジンの駆動に使用され、噴射させることで飛行できる。移動距離は約1kmで最高速度は約120km/h。現在も安全性や機能性を高める開発が進められている。

# 水中にもぐるカヌーで
# 停泊中の船を襲った

| 該当する年代 | 20世紀初頭 | 20世紀中頃 | 20世紀終盤 | 21世紀以降 |
|---|---|---|---|---|

| 該当する組織 | CIA | KGB | SIS | 特殊部隊 | その他の諜報機関 |
|---|---|---|---|---|---|

## ◎ 密かに海中で敵に接近して破壊工作や諜報活動を行う

海から密かに敵地に潜入するための乗り物としては、小型船やゴムボートなどが使用される。小型船には大型の船と違ってレーダーや探知機でも見つかりづらいというメリットがある。ゴムボートなら、船や潜水艦などに載せて容易に輸送することができる。

イギリスの特殊部隊では潜入のためにサーフボードを利用したこともある。隊員たちはボードに腹ばいの状態で乗り、荷物は足の間に挟んで固定。こうして潜水艦から移動して海岸から上陸したのだ。

海中での破壊工作で使用された兵器としては、「スリーピング・ビューティー（眠り姫）」の頭文字をとってSB艇と呼ばれた、イギリス海軍のモーター水中カヌーもある。

もともと第二次世界大戦では通常のカヌーで密かに停泊中の敵の船に近づき攻撃を行っていたが、警備が強化され、接近が難しくなった。そうした防衛網をかいくぐるためにイギリスが開発したのがSB艇である。船から発進したSB艇は水上を航行し、敵に近づくと潜航し目標へと接近。目標を確認するため顔だけ水面から出し、半没航行も行った。そうやって相手に気づかれないうちに攻撃したのだ。

SB艇はイギリスで開発されたが、第二次世界大戦中にアメリカ軍が設立したOSSでも採用された。OSSはCIAの前身となる諜報機関だが、「密かに敵に接近できる」「海からの侵入時には浅瀬に沈めて隠しておくことができる」というSB艇の機能は、まさに諜報活動にうってつけだったのだ。

乗り物を使わない、身体ひとつの潜水も破壊工作では有効だ。極秘の活動ゆえ、気泡が出て敵に存在を悟られないよう、閉回路式でステルス機能も備えた特殊なスキューバ器材が使用されたこともある。

## 海の乗り物

### 海での特殊任務に使われた船たち

スパイはボートや潜水艇を使い、敵の船に気づかれないように接近する。そして潜入したり爆弾を仕掛けた。

### 小型ボート（攻撃舟艇）

攻撃舟艇とは戦闘時に兵隊や荷物を乗せて岸辺などに直接乗り上げるために使う小型ボートのこと。さまざまな種類があり、大量の荷物を載せても減速せずに移動が可能になるなど、性能が増強されている。秘密潜入用として多くの国で使用されている。

### 小型潜水艇

水中を潜航できる船を潜水艇といい、軍用の大型のものを潜水艦（せんすいかん）と呼ぶ。小型のため搭載できる武器や燃料も少なく長距離の潜航には向いていない。敵の母艦を攻撃して浸水させたり、潜入するために使用された。

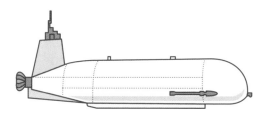

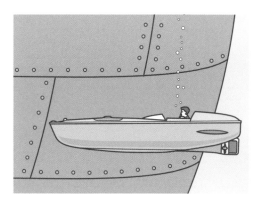

### SB艇

1942年にイギリスで開発された電動モーターを搭載したカヌー型の潜水艇。「スリーピング・ビューティー（眠り姫）」の略。敵の艦船に接近し爆弾を仕掛けるために使用された。深さ15mほどの潜航が可能で、水面すれすれまで潜水して接近することができた。

# 甘い誘惑にはご用心！
# KGBのハニートラップ

## セックスの技術を極めたスパイたち

　色仕掛けで誘惑して相手を罠にはめることを、ハニートラップと呼ぶ。これを伝統的手法として行ってきたのが、旧ソ連の情報機関「KGB」である。KGBのスパイたちは銃器の扱い方、格闘術、盗聴や盗撮の方法だけでなく、セックスの技術もスパイとしての訓練の中で学んだという。男性はどんな女性でも絶頂に導く技術を身につけ、女性はどんな相手とでもできるように訓練された。通常のセックスだけでなくアブノーマルなプレイまで習得した彼らは、そのテクニックでターゲットを誘った。ハニートラップで弱みを握られたターゲットは、否応なくKGBの協力者となってしまったのである。

スパイ映画・ドラマはウソ！

# CIAの超リアルな
# 工作活動の実態

映画や小説などの題材に多く取り上げられるスパイ組織といえば、ア
メリカの情報機関「CIA」だ。ひと昔前は謎のベールに包まれていた同
組織だが、現在は情報の開示を求める世論の流れに乗って、かなりオー
プンになっている。実際にCIAが開示している情報と、映画や小説の「あ
るあるネタ」を比較して、CIAの実情を探っていこう。

# 高学歴やエスパーでなくてもOK！
# 実録！CIAの **採用基準**

「運動神経が抜群で、美男もしくは美女」というのがフィクションにおけるスパイの定石。実際のCIAの採用基準はどうなっているのだろうか？

**Q.** アイビー・リーグの出身者しか採用されない？

**A.** アメリカの名門8大学を意味する「アイビー・リーグ」。日本でいうところの旧帝大・早慶のようなものだが、それ以外の大学出身者でも採用される。

## Q. タトゥーがあると採用されない？

**A.** 自由の国・アメリカにおいてもタトゥーは就職に不利。ただ、CIA はタトゥーがあっても採用には関係なく、愛国心があれば OK とのこと。

## Q. 特別な能力は必要？

**A.** スプーンを曲げたり、千里眼で敵の居場所を突き止めたりする必要はなし。情報の収集や分析が粘り強く行えることが大切という。

## Q. 外国語ができないと採用されない？

**A.** 外国に潜入する者は一定数いる。しかしながら、すべての者が外国へ潜入するわけではないので、母国語しかできなくても問題はない。

## Q. 何代もアメリカに住んでいないと採用されない？

**A.** 愛国心を試されるのは、長きにわたってアメリカに住んでいるということではない。1年未満でもアメリカ国籍を持つ者なら CIA に採用される。

スパイであることを家族に告げても問題なし

# 実録！CIAの実生活

ひとたびスパイに登用されれば、今まで送っていた生活とはかけ離れたものになるような気もするが、実際のところどうなのだろうか？

**Q.** CIAに入局すると家族に会えない？

**A.** 仕事と家族は別ものなので家族と一緒に暮らすことは問題ない。ただ、仕事内容を家族に話すことは職務規定に反するので絶対 NG となる。

**Q.** スパイは高級車に乗るべき?

**A.** 作戦次第。セレブの集まるような場所へ潜入する場合は高級車に乗ったほうがいいが、それ以外なら中古のセダンに乗るほうがよい。

**Q.** 腹筋は鍛えるべき?

**A.** スパイ映画に出演したければ腹筋を鍛えるべきだが、本物の CIA は腹筋が割れている必要はない。とはいえ、健康のためにスマートでいたほうがよい。

**Q.** ソーシャル・メディアは禁止?

**A.** 身分や作戦などを明かさなければ、ソーシャル・メディアに登録しても構わない。身内同士でほどほどに楽しむ分には問題ない。

セクシーでデンジャラス？

# 実録！CIAの**任務**

危険な目に遭いながらもミッションを成功させる CIA。そんなイメージを
多くの人が抱いていると思うが、実際の任務はどうなのだろうか？

**Q.** カーチェイスは日常茶飯事？

**A.** 潜入した国の法律を守りながら任務をこなすのが CIA の仕事。ただ、敵に見つか
るなど、ミッションが失敗したときカーチェイスに発展することもある。

## Q. CIAは飛行機にしがみつく？

**A.** スパイ映画の俳優は飛行機にぶら下がったりするが、実際のCIAでそういうことをする者がいたら、間違いなく何らかの処分が下される。

## Q. CIAは秘密兵器を使う？

**A.** 映画ではハイテク機器がよく使われるが、現実にはあまり使われることはない。ただ、ハイテク機器の開発はCIAの科学者・技術者によって行われている。

## Q. 女性のCIAは色仕掛けをする？

**A.** ルックスのよい女性をエージェントとしてリクルートする場合はあるが、肉体関係を強制的に結ばせるような作戦はない。旧ソ連とは違う。

## Q. 特殊技能で尾行をすぐまける？

**A.** 冷戦期、旧ソ連に尾行されていたスパイはバスや地下鉄を乗り継ぎ、道を変えたりしてまいていた。かかった時間は4〜5時間だったという。

## Q. スパイは悪者を殺す？

**A.** スパイは外交官に偽装しているので、人を殺すと国際問題に発展してしまう。テロリストや北朝鮮の工作員が相手ならば話が変わってくる。

# 2章

# スパイ活動の作法

敵の情報を集めたり、尾行や監視などの任務を遂行する
スパイ。表面的な活動内容は何となく知っていても、ど
んな人が適任なのか、具体的にどのようなスキルを求め
られているのかなど、詳しいことはあまりよく知られて
いない。本章にてスパイ活動の全貌を解き明かす！

# スパイの役割は、
# 諜報と殺しの主に2パターン

## ◎ 実行部隊のエージェントに身分の保障はない

スパイとは諜報活動に従事する特殊工作員の総称。現代のスパイはケース・オフィサー（工作担当者）とエージェント（諜報員）の2種に大別することができる。

ケース・オフィサーは情報機関の内部職員のこと。公的な身分の保障もある。外務省などの国家機関に籍を持つかたちで各国の大使館等に派遣され、そこで通常業務をこなしながらスパイとしての活動を行うことになる。ジャーナリストや商社マンの身分を騙って、他国に潜入して秘密裏に活動を行う場合もある。

エージェントは、ケース・オフィサーの指示を受けて実際の情報収集や秘密工作を行う専門スタッフ。第一線で諜報活動や秘密工作を行うスパイらしいスパイといえるが、当然、敵方に見つかったり捕まったりするリスクも

高い。その際、所属が明らかになると、悪くすれば戦争の火種になるなど大事になりかねないため、公的な身分が保障されていないのが普通である。

スパイは立場や役割に応じ、さらに細分化されることもある。スパイマスター、カットアウト、スリーパー、モール、アサシンなどだ。スパイマスターは、複数のエージェントを統括するリーダー。カットアウトは安全器という意味で、ケース・オフィサーとエージェントが直接接触するリスクを回避するため存在する。スリーパーは休眠中の工作員。指令が発せられるまでごく普通の市民生活を送っており、結果として生涯指令が下らない場合もある。モールはもぐらを意味し、敵側の組織で働く潜入工作員のこと。アサシンは暗殺を行う者のことだ。

ほかにもスパイにはさまざまな役割があるが、情報機関ごとに呼び名が変わり役割にも差異がある。一口にスパイは一括りにはできないのである。

## スパイの役割

### 情報収集や暗殺など、適材適所の人材登用

スパイは役割ごとにプロフェッショナルが配置され、与えられた任務を忠実にこなしている。その名称と役割を紹介する。

スパイの心得

通信手段

監視

潜入

破壊工作

暗殺

自国民

**ケース・オフィサー**

（諜報機関員）

諜報機関の内部職員。工作を実行するのはエージェントの仕事だが、自らも情報収集や破壊活動を行うこともある。ハンドラーともいわれる。

主に外国人

**エージェント**

（協力者、情報提供者）

諜報機関に非公式で雇われたスパイ。ケース・オフィサーの指示に従って情報収集や秘密工作を行う。国外で活動しているため、つねに危険と隣り合わせの存在。

**カットアウト**

ケース・オフィサーとエージェントとの仲介役。間に入ることで、現地の防諜機関に対してスパイの存在を分かりにくくする。

└── ※この2つが本書で呼称するスパイ ──┘

**スパイマスター**

情報機関のリーダーとしてスパイたちをまとめる。大使館の外交官がこの役目を担っていることがある。

**アサシン**

暗殺を専門に行うスパイ。敵対勢力の指導者を殺害したイスラム教の一派が名前の由来となっている。

**POINT**

防諜
国内
諜報
外国

**防諜と諜報**

自国にいる敵国のスパイの動向を探ることを防諜といい、敵国に潜入して情報収集をすることを諜報という。

# 見た目が普通で地味な人ほど<br>スパイに向いている

| 該当する<br>年代 ▷ | 20世紀<br>初頭 | 20世紀<br>中頃 | 20世紀<br>終盤 | 21世紀<br>以降 |
|---|---|---|---|---|

| 該当する<br>組織 ▷ | CIA | KGB | SIS | 特殊<br>部隊 | その他の<br>情報機関 |
|---|---|---|---|---|---|

## ◎ 記憶力や論理的思考は<br>スパイに必須のスキル

スパイにも適性はある。鋭い観察力は、スパイが備えるべき基本的スキル。これがないと話にならない。そして場所や人、出来事を正しく記憶して、必要なタイミングで再生できなければ意味がない。得られた情報の再現力こそ、重要な情報を持ち帰るスパイに必須の才能なのである。

たとえば、優れたスパイは一見して無意味と思われる物事でも記憶にとどめることができる。普通に街を歩くなかで、そこがどのような街並みだったか、あるいは店の並びだったか。また、目的地に着くまでに何本の外灯があり、どの街角にポストが置かれていたのかなどを記憶するのだ。さらに通り過ぎた車の数、その車種やドライバーの顔まで必要に応じて思い出せるようなら、超一流のスパイといえよう。

論理的思考もまた、スパイに要求される能力である。目の前にある状況にばかり気を取られて視野が狭くなると、せっかくの観察力も台無しになる。そこから一歩進み、どうしてターゲットはあの行動をしているのか、いかにしてその状況が生まれたのかを論理によって因果関係の筋道をたどるのである。ただし、ロジック（論理）に縛られ過ぎるのもよくない。この状況を解決する別の方法はないかなど、本来の筋道をひっくり返して考える思考法を取るのも有効である。一流のスパイならば論理的思考だけでなく、多角的な思考法を用いる必要がある。

また、スパイは仕事柄、見知らぬ土地で任務にあたることが多い。不審に思われぬように、目立った格好をせずその国の文化に沿った言動をする必要がある。さらに、文化だけでなく国によって違う法令を順守することは基本中の基本。あとはしっかりと上官の命令に従えば、スパイとして一人前であるといえる。

## スパイの条件

### 見た目は普通で気配り上手の切れ者が適任

スパイになろうと思っても誰もがなれるものではない。守らなければならないルールや条件が存在するのである。

**平凡な外見**

印象的な顔立ちだと覚えられやすいため、スパイの顔立ちは平凡であることが多い。服装も目立たないようシンプルな着こなしをしている。

**基本的には法律を守る**

情報収集や尾行など、スパイ活動の多くは意外なことに、その国の法律に従って行う。目立たないようにするためだ。ただし、危険な状況に陥った場合は法律を無視することがある。

**自分の利益を考えない**

損得勘定で動く者はスパイには向かない。真のスパイであれば、いくらお金を積まれても寝返ることはない。

**命令に従う**

スパイマスターの指示を無視して自分勝手な行動を取ることはない。スパイは任務に忠実であたることが求められる。

---

### Column

#### スパイマスターは法律に縛られない

他国で法律違反を犯せば、当然のことながら逮捕や刑罰から逃れることはできない。しかし、外交官は例外。「外交官特権」でその国の国内法では罰せられることはない。外交官がスパイマスターを担っているのは、ある意味"合法的に"スパイ活動が可能だからである。

## 危険を伴うスパイに必要な心構えとは？

スパイは命の保証がない危険な職業。そのため日頃から決まった心構えを持ち、それに従って活動をしている。

### 文化に気を配る

国の文化に溶け込まないと、浮いた存在になり、ひいてはスパイであることが発覚してしまう。異文化に対しての理解力がスパイにとって必要不可欠なのだ。

### 外見に気を配る

肌が荒れていたりすると、それが特徴となって他国のスパイから覚えられてしまう可能性がある。外見はつねに小ぎれいにしておくのがスパイの心構え。

### 状況に気を配る

他国に侵入すれば、捕らえられる危険をはらんでいるスパイ。自分をつけ狙う怪しい者がいないか周囲の状況に目を向けておく必要がある。

### 尾行に気をつける

尾行や監視といった情報収集がスパイの仕事だけに、敵国から尾行や監視の対象になることがある。スパイは尾行をしながらも、尾行をされることに気をつけているのだ。

## スパイの記憶力

### 卓越した記憶力が鋭い洞察力につながる

危険を察知するなど、不穏な動きに対して敏感なスパイ。
その根底には一目で何でも覚えてしまう鋭い記憶力がある。

**ナンバープレートを覚える**

走り去るクルマのナンバーを覚えることはスパイにとって朝飯前。車種や色なども記憶する能力を持っている。

**窓の数を記憶する**

スパイの任務をこなすには、鋭い観察力が求められる。そのため、ビルの窓の数のような些細なことでもスパイは記憶できる。

**すれ違った人の顔を覚える**

一瞬すれ違った人であっても、顔の特徴を思い出すことができる。人の顔を覚えるのは難しいが、訓練によって記憶することができる。

### スパイ FILE

#### 記憶力の鍛錬法

記憶力が求められるスパイは訓練によってその能力を習得する。特別な鍛錬法はなく、同じ本を何度も読んだり紙に書かれた数字をひたすら覚えたりと、地味な作業の繰り返しで記憶を限界まで引き出しているのだ。

# 名前も出身地もでたらめ！
# 経歴詐称はスパイの常套手段

| 該当する年代 ▷ | 20世紀初頭 | 20世紀中頃 | 20世紀終盤 | 21世紀以降 | | 該当する組織 ▷ | CIA | KGB | SIS | その他の情報機関 |
|---|---|---|---|---|---|---|---|---|---|---|

## ◎ 偽装プロフィールとはいえ 詳細な設定が必要

　経歴の偽装は、主に敵国で活動するスパイにとって必要不可欠。仮の人格、仮の立場になりすますことにより、スムーズな任務遂行が可能となるからだ。特に他国に潜入する際は、かなり綿密に経歴を作り込む必要がある。年齢や出身地、学歴や職歴といった一般的なプロフィールにとどまらず、趣味や嗜好といったものまで詳細に設定する。ひとつの確固たる人格を作り上げることで、敵の内懐を自由に動き回ることが可能となるのだ。

　とはいえ、あまりに複雑な設定だと、なかなか覚えきれるものではない。何かの拍子にボロが出てしまうし、ちょっとした矛盾を言い抜けるために嘘に嘘を重ね、結果的に相手の不信感を招くハメになる。シンプル過ぎると疑われるが、かといって過剰に複雑なものにはしない。経歴作りはそのあたりのさじ加減が重要になってくる。

　特技や趣味を設定する場合は、自分が問題なく実行できるものでなければならない。スポーツ観戦が趣味なら、専門家について対象競技に関する知識を学ぶことで、ある程度は何とかなる。が、自らプレイするとなると話は別。テニス好きの集まりに潜入するからといって、できないテニスを趣味だと装うのは危険が大きい。一夜漬けで何とかなるレベルならいいが、学問やスポーツ実技など、一朝一夕には身につかない蓄積が必要な事柄をプロフィールに加える際は注意が必要だ。

　異国で自然に振る舞うのはかなりハードルが高い行為であるため、現地人のエージェントを雇うこともある。その国の土地や文化に関する素地があれば、偽の経歴を与えるにしても一から設定するよりも効率がいいのだ。ちなみに、エージェントは金や異性で釣ったり弱みを握ったりすることで、比較的簡単に作れるという。

**偽の経歴**

## 敵国に潜入するために必要な偽の経歴

スパイは現住所や本名などを絶対に他人に教えることがない。身元を明らかにすれば危険にさらされるからである。

スパイの心得

通信手段

監視

潜入

破壊工作

暗報

### 経歴は具体的にする
年齢や出身地など、経歴は細かいところまで設定する。ただし、覚えていないとボロが出るので注意が必要である。

### 学歴は素養のあるものを偽る
学歴を偽る際は、素養がある学部である必要がある。経済のことを知らないのに、経済学部出身などと偽ってはならない。

### 趣味を設定する
趣味を作っておけば、ターゲットと話が弾んで思わぬ情報が引き出せることがある。会話盛り上がるくらい趣味に関する知識を仕入れておくのが鉄則。

### エージェントに偽の経歴を与える
偽の経歴はケース・オフィサーよりもエージェントに与えたほうが効率的である。経歴を覚える手間が省けるだけでなく、ボロを出してしまうリスクがなくなる。

# スパイ同士は仲介者を通して連絡を取り合う

| 該当する<br>年代 ▷ | 20世紀<br>初頭 | 20世紀<br>中頃 | 20世紀<br>終盤 | 21世紀<br>以降 |
|---|---|---|---|---|

| 該当する<br>組織 ▷ | CIA | KGB | SIS | | その他の<br>情報機関 |
|---|---|---|---|---|---|

## ◎ 仲間を見分けて情報を渡す スパイ活動の基本中の基本

スパイは特殊な方法で仲間と交信する。その理由は素性が敵にバレないため。バレても芋づる式に仲間の素性までたどられないためである。

任務の最中、情報の受け渡しなどのため仲間との直接コンタクトが必要となった場合、その前段階として、相手が本当に自分の仲間なのか見分ける必要がある。このとき定番といえる方法が、互いにだけ通じる合い言葉を決めておくこと。「あいにくの天気ですね」「そろそろ太陽が出て欲しいですね」といった何気ない挨拶でもかまわない。

握手で敵味方を確認するのも手堅い方法である。たとえば手を握るとき、周囲から死角に入る相手の手のひらを小指でくすぐることで、さりげなく合図を送るのだ。これに対し、相手が仲間なら親指に力を込めて応じる。こうすることで、言葉を交わさずして仲間同士

の確認ができる。

また、メッセージの受け渡しも慎重に行う。メジャーなものとして、20世紀半ばに旧ソ連のスパイが用いた空洞のコインを使った方法がある。彼らは硬貨の中を空っぽにし、そこにマイクロフィルムを仕込んで情報の授受を行っていたのだ。

また、空洞のコインケースを手から手へと直接渡すと怪しまれるので、ワンクッション置く方法がある。街角や公園などに設置されているゴミ箱に情報が入ったコインケースを放りこみ、あとからやってきた仲間が回収するのだ。ゴミ箱が郵便箱代わりになるので、スパイ同士の接触が避けられるというわけだ。ゴミ箱を漁っている姿を敵国のスパイが目撃したとしても、「間違って物を捨ててしまったのかな」くらいにしか思われない。ちなみにゴミ箱以外にも、公園のベンチの下や植木鉢の中など、スパイの情報伝達の場はいくつも存在する。

## 仲間との交信

仲間との連絡も慎重に行うのがスパイの掟

スパイが得た情報は敵国のみならず周辺国にとっても価値が高い。そのため仲間との連絡も注意深く行っている。

スパイの心得

通信手段

監視

潜入

破壊工作

暗殺

カットアウト

エージェント

### 仲間との交信の仕方

スパイ同士の連絡は仲介役のカットアウトを介して行われる。交信するのは公園のようなありきたりの場所で、周囲にバレないように機密情報が入ったチップを渡す。

### 連絡ツール

**コイン**

旧ソ連が仲間との交信で使っていた中が空洞になったコイン。小さな穴に針を刺すと開くというしくみになっている。

**フィルムケース**

カメラのフィルムケースに小型フィルムを入れて渡す。コインケースよりも大きいものの、使い勝手がよくバレにくい。

**POINT**

### ゴミ箱が郵便箱代わりになることも！

カットアウトが用意できない場合は、ケース・オフィサーとエージェントの二者で交信するしかない。その際は、ゴミ箱を郵便箱代わりにして情報のやり取りをする。

# 開発しては解読され、解読されては開発されるスパイ暗号

| 該当する年代 | 20世紀初頭 | 20世紀中頃 | 20世紀終盤 | 21世紀以降 |
|---|---|---|---|---|
| | | | | |

| 該当する組織 | CIA | KGB | SIS | 特殊部隊 | その他の情報機関 |
|---|---|---|---|---|---|
| | | | | | |

## ◉ 暗号解読の成否は時として戦局も左右する

　情報を記述する場合、スパイならば何らかの工夫を凝らすものである。特殊インクで見えない文字を書き、専用のライトを照射することで読み取らせる方法などは古くから使われていた。最近ではこれを、市販の水性ボールペンで簡単に行えるようになった。ボールペンで文字を書き、乾いたら白紙を押し当てる。一見して文字は写っていないように見えるが、現像液を塗ると、しっかりと最初に書いた文字が転写されているのである。

　紙や筆記用具などのツールではなく、文章そのものに手を加えて秘密通信を行うこともある暗号だ。

　暗号にはコードとサイファーという概念がある。コードは単語や熟語など、意味のあるフレーズを事前に決めておいた記号などと入れ換えたもの。サイファーは、これを一文字単位で置換するものだ。単位が細かくなるほど変換が面倒になるが、機械化が進んだことで後者が暗号の主流になった。

　第二次世界大戦中、ドイツはエニグマと呼ばれる暗号機を使い、重要情報のやり取りをしていた。換字式は、文字もしくは文字列を別の文字や記号に変換するもので、これに伴う複雑な手続きを機械処理していたのである。

　エニグマは解読不可能といわれていたが、連合国は1938年に解読に成功。その事実をドイツは知らず、作戦の情報は連合国にダダ漏れとなり、1945年に敗戦へと追い込まれた。

　また同じ時期、日本では紫暗号機（パープル暗号）と呼ばれる暗号機を用いていた。エニグマと似たような複雑な機械処理を行うものであったが、アメリカの解読官であるウィリアム・F・フリードマンによって解読されていた。暗号の解読を連合国に許した日本もドイツと同じように敗戦を喫したのはご存知の通りである。

相手に知られないために取る方法とは？

最悪の場合、情報の漏洩は戦争の勝敗につながる。スパイたちは相手に分からないように暗号技術を発達させた。

**エニグマ**
第二次世界大戦時にナチス・ドイツが使用していた暗号機。文章を普通にキーボードを打つだけで暗号化されるしくみだった。

**あぶり出し**
乾燥すると無色になる液体を使って文字を書き、熱を加えると文字が浮かび上がる。オレンジジュースや酒でも代用できる。

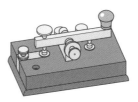

**モールス信号**
「ツー・トン」という2つの符号で文字を表す暗号。傍受されにくいことから数多くのスパイが使用した。

**Column**

### 暗号解読はプログラムの先駆け

ナチス・ドイツが開発したエニグマは、多くの国々が解読を試みたもののなかなかできなかった。ポーランドの発明家のアイスクリーム・ボンブが、解読するためのコンピューター「ボンブ」を製作すると短時間で解読に成功。今日のコンピューターで使用されるプログラムの先駆けとなった。

# 捨てられたゴミや干された
# 洗濯物から情報を引き出す

## ◎ 当人には不要な品でも
## スパイには情報の宝庫

捨てられたゴミを手がかりに、ターゲットの情報に迫る——。これを俗に"ゴミ調査"という。対象者の履歴などの基本情報、資産やクレジットカード情報、交遊関係など、さまざまな情報を取得することができる。

家庭用ゴミも事業用ゴミも、処理業者が所定の収集場所から回収するのが一般的だが、実際の回収日時を知っておくのは大前提。同時に、ターゲットがいつゴミ出しを行うかも押さえておきたい。回収は夜間が望ましいが、日中せざるを得ないときは、ゴミを漁りにきたホームレスを装うなど、目立たぬ服装や振る舞いを心がける。危険物が捨てられている可能性もあるので、厚手のゴム手袋は必需品だ。

回収後のゴミは、安全な場所でビニールシートに広げ、詳細にチェックする。生ゴミは見て気持ちのよいもの

ではないが、食べ残しなども欠かさず記録にとどめておく。食事の種類や傾向もまた、相手に関する重要な情報だからだ。各種請求書や支払いの記録、銀行口座情報、私的な通信文などはお宝といっていい。持ち帰ってあとで詳しく調べる。そのほかの物品も、念のため写真に撮って記録しておく。

こうしたゴミ調査は、月のうち4回程度は行いたい。1回きりだと得た情報量が少なく判断しにくいからだ。

ターゲットのなかには、ゴミ調査を警戒している者もいる。彼らは燃やせるものは焼却し、ビンや缶はリサイクルセンターに持ち込む。そして廃棄物は食べ残しなどに限り、それも他家のゴミ容器に捨ててしまうのである。

ちなみに、ゴミ調査と並行して洗濯物のチェックをするのも有効である。そこが自宅であれば、洗濯物からターゲットとなる家族の人数や性別、年齢などといったものが数回チェックすれば判断がつくのである。

## ゴミ調査①

### ターゲットが捨てるゴミは情報の宝庫

情報の収集には地味で地道な活動を要する。ターゲットのゴミを漁ることは、スパイ活動の基本でもある。

スパイの心得

通信手段

**監視**

潜入

破壊工作

暗殺

**ゴミの回収時刻を確認**
ゴミ収集車がゴミを回収してしまってはゴミ調査はできない。ゴミ収集車が何時にくるか事前に調査しておくのが鉄則である。

**ゴミ出しの時刻を確認**
ターゲットが何時にゴミを出すか把握しておく。また、ほかの家のゴミと混ざらないように、ターゲットがゴミを出したら即座に回収する。

**ゴミを持ち出す**
ゴミを持ち出すところを周囲の人に見られると怪しまれる。ホームレスを装って回収すればごまかすことが可能となる。

**POINT**

**回収したゴミは焼却**
ゴミ調査で情報を集めたら写真やメモに収める。ゴミを残しておくと腐敗臭が漂って警察沙汰になる可能性があるので、焼却してしまうのが正しいスパイの作法である。

## ゴミ調査②

### ゴミは仕分けることで情報が浮き彫りになる

ゴミの回収後、スパイが丹念に行うのがゴミの仕分け作業。
捨てられたゴミから、収入や嗜好まで見えてくるのだ。

ゴミから分かるもの

**酒の空き缶とタバコの空き箱**

酒の空き缶やタバコの空き箱は必ず銘柄を記録する。タバコの吸い殻の本数やアルコール類の空き瓶の数から、喫煙量や飲酒量が推測できる。

**飲食物のゴミ**

飲食費にかかる費用は収入の20～25%が相場といわれている。飲食物のゴミを調査することで、ターゲットの収入がどれくらいか大体分かる。

**明細書**

明細書が捨ててあったらしめたもの。明細書には購入したものだけでなく、正確な名前や住所も記載されており、個人情報の宝庫といっても過言ではない。

**シートに広げて写真撮影**

ゴミを回収したらシートに広げて仕分けるのが基本。情報が引き出せそうなものは必ず写真撮影をして記録しておく。明らかにいらないものは捨てても構わない。

## 洗濯物調査

周囲の人が見たら変態にしか見えない!?

ターゲットが外に干す洗濯物からも数々の情報が見て取れる。洗濯物の観察もスパイの立派な仕事なのだ。

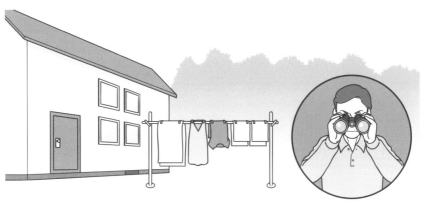

**洗濯物で家族情報を読み解く**

洗濯物で大体の家族構成が判別可能。洗濯し忘れたり、洗濯物を溜めてから一気に干す場合もあったりするので、念のため1週間くらい観察を続けておくと間違いがない。

**洗濯物から分かるもの**

**女性用下着**

デザインで若い女性か年老いた女性か、もしくは幼い少女が同居しているかが分かる。

**子ども服**

子ども服はとんでもないビッグベイビーでない限り、サイズで正確な年齢が把握できる。

**制服**

学生服であれば学校名や所在地、ナース服などの制服であれば職業や勤務先まで判別できる。

**POINT**

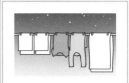

**干す時間帯で
家の事情が分かる**

基本的に洗濯物は朝起きてから干す傾向にある。洗濯物が夜に干してあれば、ターゲットは夕方まで寝ている可能性が高い。

# 監視するときは暗幕を吊るして黒く目立たない服を着る

| 該当する年代 | 20世紀初頭 | 20世紀中頃 | 20世紀終盤 | 21世紀以降 |
|---|---|---|---|---|

| 該当する組織 | CIA | KGB | SIS | 特殊部隊 | その他の情報機関 |
|---|---|---|---|---|---|

## ◎ 気づかれずに見張るため専用の監視所を設営せよ

ターゲットの家や職場などを長期間にわたって見張る場合には、専用の監視所（張り込み部屋）を設置する必要がある。その場合、視界を遮られることなく、監視対象の建物を見下ろせる高層階の部屋を確保することが望ましい。監視する側にしてみれば、視界を広くとれるだけでなく、監視対象から見られるリスクも減らせるからだ。また、監視の原則は2人1チーム。1人が監視しているあいだ、片方は睡眠をとる。

よい監視所を確保できても、警戒はもちろん必要。窓ガラス越しの室内は、日中は光源が外にあるため見られにくいが、夜は光源が室内にあるため、外から見られやすくなる。そのため日中であっても室内には暗幕を吊るし、自らも黒っぽい装いにして室内の暗さに溶け込むようにするのが基本。また、ほかの部屋のカーテンを観察し、周囲から

目立たぬ外観にすることも重要だ。まずは疑われないことが大切なのである。

都市から離れた田園地帯などに監視所を設営するには、さらに注意が必要。目新しいものが現れると、それだけで目立つからだ。そこで防水シートや自然の風景に溶け込む迷彩網、現地調達が可能な自然物や廃車、物置小屋など、利用できるものは何でも利用する。また、最低でも2人が横になれる広さを確保することが望ましい。

時には車中からの監視が要求されることもある。その場合、大型セダンやSUVが監視車に選ばれることが多い。横になれるだけでなく、監視道具一式を積載するスペースがあるからだ。

排ガスやライトからターゲットに気づかれる恐れがあるため、車中監視ではエンジンを切るのが常識。寒い場所でもエアコンに頼れないため、通気性のないジャケットなどを羽織る。温度差でガラスが曇らないよう、窓の内側には撥水剤を塗るのが必須である。

## 監視所の設営

### ターゲットの動きを24時間体制で監視

ターゲットを監視する際、外で見張っていると怪しまれやすい。監視所を作れば効率的に見張れるのだ。

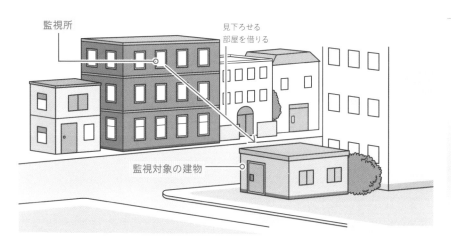

監視所

見下ろせる
部屋を借りる

監視対象の建物

スパイの心得

通信手段

監視

潜入

破壊工作

暗殺

**張り込み部屋**
監視対象の部屋が一望できる部屋を借りる。できれば監視対象よりも高い位置にある部屋だと、ターゲットからバレにくい。

暗幕

**部屋の内部**
暗幕で覆うと外から内部の様子が見えづらくなる。さらに黒い色の服を着れば、たとえ昼間であっても姿を消すことができる。

エンジンは切る

**張り込み用車両**
張り込む部屋が借りられなかった場合は、クルマの中に張り込み部屋を作る。張り込み部屋と同様に暗幕で覆うのが基本となる。

# 人混みのなかではピッタリと近づいて尾行する

**スパイ活動の作法 その8**

| 該当する年代 ▷ | 20世紀初頭 | 20世紀中頃 | 20世紀終盤 | 21世紀以降 |
|---|---|---|---|---|

| 該当する組織 ▷ | CIA | KGB | SIS | ~~モサド~~ | その他の情報機関 |
|---|---|---|---|---|---|

## ◎ 相手の視界の外側から相手を自分の視界に入れる

尾行はターゲットに気づかれずにあとをつけるシンプルな行為で「移動監視」ともいう。通常はチームで行うが、スパイは大抵が単独行動。ターゲットを視界に捉えて離さぬ一方、自らは相手の視界に入らないよう、車線をまたいだ向こう側を歩くのが基本である。そうすればターゲットが振り返っても、視界の外から相手を見張り続けることができる。ショーウインドウを鏡のように使って間接的に行動を見張ったり、状況次第では店舗など建物のなかから様子を窺ったりするのも有効だ。

いくら慎重にあとをつけても、つねに同じ格好をしていると何かの拍子にターゲットの印象に残ってしまう。タイミングを見て、できる限り頻繁に衣服を替えることが理想である。

尾行における最大のピンチは、ターゲットが急に立ち止まり、こちらを振り返った瞬間。そんなときは、タイミングを合わせて立ち止まると不自然なので、あえて足を止めず、そのまま追い越していくのもひとつの手だ。その後、しばらくしてまた気づかれぬよう後方に回る。また、タバコや新聞、自販機の近くなら小銭などの小道具を常備しておけば、いざというとき取り出して平静を装うことができる。

道行く人の少ない閑静な住宅地などでは、尾行に気づかれやすい。そんなときは距離を取り、ゆるやかに監視を行う。地図を頭に入れておき、先回りして再度、相手の姿を捕捉することもある。逆に都会の人混みはターゲットを見失いやすくなるため、リスクを冒して相手に近づく必要がある。いずれにしてもバレたら終わりなので、危険な場合は尾行を即座に中止する。

また、連日のように張り付いていると、それだけ相手の不審を買うリスクが高まるので、可能ならば曜日や時間を変えて尾行することが望ましい。

## 尾行の注意点

### 尾行はスパイのテクニックの見せどころ

「尾行に気づかれて逃げられた！」ということがあればスパイの名折れ。尾行における数々のテクニックを紹介する。

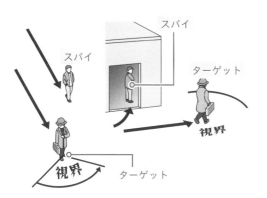

**ターゲットの視界に入らない**

人間の視界は左右およそ120度。そのなかに入ってしまうと尾行がバレてしまう。また、視界の外でも気配でバレてしまうので、ある程度の距離を取っておく。

**着替える**

食事や仕事など、一定時間ターゲットがその場を動かないときに着替えをすると尾行がバレにくい。

**自然に立ち止まれるアイテムを用意する**

ターゲットが急に立ち止まり、振り返る可能性がある。そんなときのために、立ち止まる理由づけになりそうなアイテムを予め持っておくと自然な雰囲気で対応できる。

**混雑時はターゲットに近づく**

人混みではターゲットを見失いやすいので可能な限り近づく。周囲の人々がターゲットの視界を遮るのでバレる可能性は低い。

# クルマでの尾行はありふれた セダンタイプを選ぶ

| 該当する 年代 ▷ | 20世紀 初頭 | 20世紀 中頃 | 20世紀 終盤 | 21世紀 以降 |
|---|---|---|---|---|

| 該当する 組織 ▷ | CIA | KGB | SIS | モサド | その他の 情報機関 |
|---|---|---|---|---|---|

## ◎ 相手と同じ動きをすると 尾行に気づかれてしまう

スパイが使用する車両には、状況に応じてさまざまな車種がチョイスされる。監視所代わりに車両を使う際はキャパの大きいバンやSUVが望ましいが（※P75）、移動が伴う場合は居住性などの副次的要素より、エンジンを改造したり、長時間の監視を可能にするための工夫が必要である。また、グレーや白など、なるべく普及していて、同時に目立たない色合いを選ぶというのも重要な要素だ。ターゲットを取り逃がしてしまう恐れがあるからだ。

車両を使った監視の場合、ターゲット車両とは異なる車線を走るのが基本とされる。徒歩とは違って相手には背後を窺えるミラーがあるので死角に入ることが重要なのだ。また、異なる車線であっても、間に別の車両を1台挟むようにする。交通量の多い道路や、信号で割り込みが生じやすい場所

では、ある程度のリスクは承知の上でターゲットに接近する必要もある。逆に車の通りが少ない場所で車間を開けるのは、徒歩の場合と同様だ。

ターゲットが疑念や警戒心を抱いているとおぼしき状況では、より一層の慎重さが要求される。つねに念頭に置きたいのは、相手と同じ動きをしないということ。車線変更や急停車など、咄嗟の動きにはつい反応しがちだが、あえてそこは自重する。ターゲットがUターンしたからといってあとに続けば一発で監視がバレてしまう。

角を曲がるのも同様で、2回までなら偶然と考えてもらえるかもしれないが、3回続けて曲がるのは完全にアウトである。ターゲットが続けざまに2回角を曲がったら、警戒されていると判断して監視を中止するのが賢明だろう。ターゲットが自宅前を平然と通り過ぎたときも、監視を警戒していると考えていい。この場合も同様に、即座に監視を中止する必要がある。

## クルマを使った監視

### 怪しまれることなくターゲットを追う！

クルマを使用した監視は、バレたらカーチェイスに発展しかねない。バレないように慎重に行うのが鉄則である。

白やグレーなど
目立たない色合い

車線変更　　　Uターン

### 車両の性能

派手なクルマよりも、市場に多く出回っているセダンタイプだとターゲットも尾行に気づきにくい。また、いつでもハイスピードが出せるエンジン性能の高いクルマが好ましい。

### 同じ動きを避ける

ターゲットが車線変更やターンをした際、すぐあとを追尾すると怪しまれやすい。「追尾は2度まで」とルールを決めて、それ以上の追尾が必要になる場合は潔くあきらめる。

混雑時　　　　閑散時

ターゲット

スパイ

ターゲット

スパイ

### ミラーに気をつける

別の車両を1台挟むなどして、相手のバックミラーやサイドミラーに自分のクルマが映らないように注意する。

### 交通量が多いときは近くに寄る

交通量が多いとターゲットを見失いやすくなる。そうならないために、交通量が多い場合はできるだけ近づくのが正解である。

# ヘリコプターなら数キロ離れた場所でも監視可能

| 該当する年代 ▷ | 20世紀初頭 | 20世紀中頃 | 20世紀終盤 | 21世紀以降 |
|---|---|---|---|---|

| 該当する組織 ▷ | CIA | KGB | SIS | モサド | その他の情報機関 |
|---|---|---|---|---|---|

## ◎ あらゆる手段・技術を用いターゲットの動きを捕捉

交通量が多い道路で監視する場合は、小回りの利くバイクがものをいう。クルマよりも臨機応変な対応が可能なので、ターゲットを見失ったときでも再捕捉が容易となるからだ。そうした利点を踏まえ、バイクはクルマによる監視や尾行の補助的役割を与えられることもある。

バイクやヘリといった移動手段だけでなく、実際の監視にあたっては各種の監視用技術装置も活用される。高倍率かつ、夜間でもターゲットが捕捉可能な暗視スコープ（ナイトビジョン）、集音力に優れた盗聴器などだ。これらはスパイの目や耳の代わりとなる。

気づかれず相手を見張るということでは空からの監視も有効だ。空の場合は、ヘリコプターが監視活動によく利用されるのだが、相手にバレやすいという欠点もある。とはいえ、数km後方

から高倍率のカメラで追尾するのが通例なので、よほどのことがなければ気づかれない。交通規制や信号などに悩まされることがないことからも、理想的な監視方法といえるだろう。空からの監視には、ヘリコプターのほかに小型のUAV（ドローン）が用いられることもある。

また、近年のインターネット社会の発展により、コンピューターに関する知識も重要だ。国家機関や諜報組織、大企業のホストコンピューターに侵入するには専門のクラッキング（ハッキング）スキルが必要だが、個人のコンピューターの内部情報を覗き見するくらいの知識はスパイたるもの最低限必要とされる。

ターゲット側も、こうした監視への対策は怠らない。自宅付近を通行するクルマや不意の訪問者、日常のささいな変化にも強い警戒を向けてくる。それをかいくぐって監視を行うのだから、なかなか簡単なことではない。

## 乗り物を使った監視

### 監視や尾行にはさまざまな乗り物を使用

ターゲットにハイスピードで走っていたら、尾行は難しいものとなる。そこで、クルマ以外の増援を呼ぶこともある。

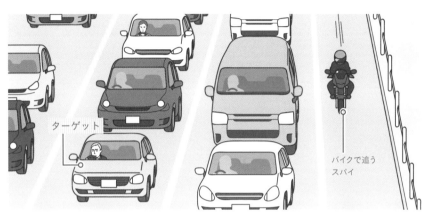

ターゲット

バイクで追うスパイ

**バイクを使った監視**

バイクの監視の利点は渋滞でもお構いなしという点。クルマの脇をすり抜けられるので、ターゲットを見逃すことは少なくなる。

**ヘリを使った監視**

視界の広いヘリからの監視は、ターゲットを確実に捉えることができる。ただし、高度を下げるとターゲットにバレるので注意が必要。

**POINT**

**小型ドローンを使った監視**

ターゲットからバレにくい追跡方法として小型ドローンが挙げられる。バッテリーが長持ちするものでも飛行時間はおよそ30分。長時間の監視には不向きなので、必要なときだけに使用する。

## 技術的な監視

### 最新技術を結集したスパイの監視テク

映画の世界だけの話ではなく、現実においてもスパイは優れた技術力を用いてミッションをこなしている。

**PCを使った監視**
ターゲットにGPSを取り付けられれば、わざわざ乗り物を使わなくともPCから監視が可能となる。

**望遠鏡を使った監視**
前時代的な監視方法かと思うかもしれないが、市販のものでもおよそ180m離れた場所から鮮明に監視できる。

**ナイトビジョンを使った監視**
暗闇で活躍する監視方法として挙げられるのがナイトビジョンを使うというもの。ほぼ真っ暗闇の状態でも、カメラを通すとターゲットの表情まで判別可能となる。

**デジタルカメラを使った監視**
ターゲットの取引現場など、証拠を押さえるのに使えるのがデジタルカメラ。距離が近いと怪しまれるので望遠レンズを使うのはいうまでもない。

## 監視への注意点

### スパイは逆に監視の対象になることも！

敵国に潜入して情報を集めるスパイ。監視や尾行をするだけでなく、自らがそのターゲットにされることがある。

**自宅付近に同じクルマが現れる**

自宅付近に止められたクルマ。1度目は偶然かもしれないが、2度目であれば疑いの余地はない。引っ越しをするべき事案といえる。

**セールスマンからペンをもらう**

「粗品です…」などといってセールスマンが渡してくるものがペンであったら要注意。ペンにカメラが内蔵されているかもしれない。

**ラジオに雑音が混じる**

盗聴器を仕掛けられていると、盗聴器から発せられている電波が干渉してラジオに雑音が混じることがある。

**ドアの開け閉めがしにくい**

ピッキングでドアをこじ開けると不具合が生じる。もし、急にドアの開け閉めがしにくくなったら、侵入を疑ったほうがよい。

# 鍵を腕に強く押し当てて、鍵の型取りをした

| 該当する年代 ▷ | 20世紀初頭 | 20世紀中頃 | 20世紀終盤 | 21世紀以降 |
| --- | --- | --- | --- | --- |

| 該当する組織 ▷ | CIA | KGB | SIS | 特殊部隊 | その他の情報機関 |
| --- | --- | --- | --- | --- | --- |

## ◎ 基礎の習得だけで数年！奥深いピッキング技術

ピッキングはスパイにとって必要なスキルのひとつ。ピッキング・ツールは市販されているものもあり、即席で作製することも可能だが、実際のスキルを習得するにはそれなりの困難が伴う。感覚頼りの微妙な作業のため、短期間に習得できるのは才能がある者に限られ、スパイの多くは基礎を身につけるだけで数年を要する。

いざ本番となり侵入目標が決まったら、可能な範囲で対象施設を調査。錠のタイプと形状が分かれば、決行の日までに同型の錠で練習を積んでおく。また、侵入した形跡を残さぬようにするため、錠に傷をつけてはならない。スパイは習得したスキルと知識を最大限に活用して侵入をはかるのだ。

ピッキングは細かい作業だけに神経を使う。長引きそうなときは間に短い休息を入れ、集中力と手指の感覚を維持するように心がけることも重要だ。「開けられない錠はない」ともいわれるが、さまざまなパターンの錠を速やかに開くため、一人前のスパイならば日頃の練習は欠かせない。

ただ、鍵さえ入手できればピッキングをする必要はなくなる。オリジナルの鍵が入手できないときは、合鍵を作る手もある。その際は、やはりオリジナルの鍵を直接型取りするのが最善の手だ。型取り器というものもあるが、身近にない場合は型のつきやすい素材を用いて、鍵を強く押し当てることでパターンを手に入れる方法もある。たとえば石鹸、発泡スチロールなどである。窮余の一策として、自分の皮膚を使うことも可能だ。体の柔らかい部分に押し当てれば、数分間はパターンが消えずに残る。それをペンなどで縁取りして写真に撮るのだ。

画像からも合鍵は作れるので、道具がないときは一瞬の隙をついて撮影するという手もある。

## ピッキング

### 錠前外しは情報収集以前に必要なスキル

ターゲットの家に侵入する際、当然のことながら合鍵屋を使ったりしない。スパイは自らの技術でこじ開けるのである。

**ピッキングはスパイの必須スキル**

ターゲットの居場所に侵入する際、合鍵を入手できなければピッキングしか侵入の手立てがなくなる。ピッキングは一流のスパイであれば当然マスターしているスキルだ。

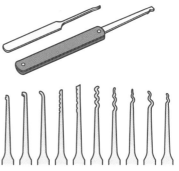

**ピッキング・ツール**

簡易的な錠前であればピッキング・ツールを数多く取り揃える必要はない。ただ、それなりの錠前を開ける際は、ピッキング・ツールを豊富に用意しておく必要がある。

**指を休める**

なかなか開錠できない場合は慌てずに指を休めてみるのもスパイの技術。指を休めることで肉体だけでなく精神も落ち着かせるからである。

**錠を傷つけない**

ピッキングは錠を傷つけないようにこなすのがスパイのルール。錠前に傷をつけると、ターゲットに侵入者があったことを知らせるようなものだからだ。

**POINT**

**ピッキングは練習あるのみ**

一朝一夕ではいかないのがピッキングの技術。ピッキングを得意とするスパイは練習を欠かさないという。

スパイの心得

通信手段

監視

潜入

破壊工作

諜報

## 合鍵の型取り

### 鍵を入手したら速攻で型取りを実行！

ピッキングするよりも時間効率がいいのが、ターゲットの鍵を入手して型を取ること。ただし、実行にはリスクが伴う。

**一瞬の隙をつく**

鍵の型を取るためにはターゲットが所持している鍵が必要となる。型を取るのは一瞬なので、何かアクションを起こし注意を引かせて、隙が出たときに入手したい。

**皮膚に押し当てる**

型を取るアイテムが何もないときは、自分の皮膚を有効活用する。鍵を強く皮膚に押し当てれば型が取れる。ただ、血がにじむほど強く押さないと痕はつかない。

**石鹸を押し当てる**

石鹸または発泡スチロールがあると鍵の型は取りやすい。押し当てたときに欠片がつく場合があるので、戻すときはキレイに拭くことを忘れないようにする。

**写真におさめる**

携帯電話のカメラ機能を使って鍵を写真におさめる。ターゲットが気づく恐れがあるので、シャッター音は必ずオフにして、フラッシュをたく場合はなるべく離れた場所で行う。

## 合鍵の作製

### 型取りに成功したらあとは複製するのみ

鍵の型さえ取れれば、スパイでなくても容易に複製は可能。
スパイが行う鍵の複製方法を紹介したい。

**①型をペンでなぞる**

皮膚に押し当てて作った鍵の型は、皮膚が
元に戻らないうちにペンでなぞっておく。開
錠には鍵の溝（キーウェイ）部分が重要にな
るので、できるだけ正確になぞる。

**②原寸大のコピーを取る**

コピー機を使って皮膚に押し当てて作った鍵
の痕をコピーする。その際、原寸大でない
と合鍵にはならないので注意が必要となる。

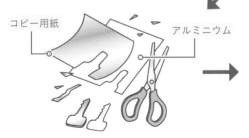

コピー用紙　　　　　アルミニウム

**③鍵を複製する**

コピーした用紙にアルミニウム片を重ねて型
を切り抜く。アルミニウム片はジュースやビー
ルに使われるアルミニウム缶で代用できる。

**④完成**

合鍵の完成となるが、アルミニウムは曲がり
やすいため、鍵を開けられない。合鍵でロッ
クピンを押し上げたら、針金やクリップを
使って回す必要がある。

---

**Column**

### スパイは鍵穴からも型が取れる

未加工の鍵（キー・ブランク）を鍵穴に差し込んで上下左右に動かすと、
ロックピンの痕がつく。この痕をやすりで削り、徐々に鍵の溝（キーウェ
イ）を作っていけば鍵の複製は誰でも可能となる。ただし、熟練の技
が要求されるためマスターするためには相当な時間が必要である。

# 侵入する3日前までに周辺の街灯を破壊しておく

| 該当する年代 ▷ | 20世紀初頭 | 20世紀中頃 | 20世紀終盤 | 21世紀以降 | 該当する組織 ▷ | CIA | KGB | SIS | 特殊部隊 | その他の情報機関 |
|---|---|---|---|---|---|---|---|---|---|---|

## ◎ 侵入方法だけでなく脱出ルートの確保も重要

スパイは家や施設に忍び込むにあたって、入念な下調べを行う。任務を遂行するために、時間がないときでも最低限の調査はしておく。時間単位の人の出入りや、侵入口に関する情報などである。特に侵入口については、すべての出入り口を比較検討し、そのなかから少しでも侵入が容易な場所を見つけておく。

塀があるならその高さにも留意する。急に逃走しなければならないようなとき、高い塀はネックとなるからだ。そんなときのために、予め脱出口を確保しておくことは、生還を義務づけられたスパイの心がけとしては初歩の初歩といえるだろう。

街灯のチェックも怠ってはならない。灯りが侵入口、脱出口を照らしている場合は、事前にこれを壊しておく。1カ所だけ灯りがつかないと目立つので、近隣の街灯も同様に壊し、目を眩ませるのも常套手段だ。

侵入する場所が個人宅である場合、鍵は身近に隠してあることが多い。植木鉢やドアマットの下は定番。庭石や、置物や灯籠といったオブジェの下も見逃してはならない。郵便箱のなかなどに貼り付けてあることも多い。

空き巣の多くが、鍵のかかっていない窓やドアから侵入するという統計がある。建物の周囲をまわって、施錠を忘れた窓やドアを探してみるという手もあるが、警報システムに引っかかる恐れがあるので注意が必要だ。正面玄関は一般的に警報システムを制御している場所のため、可能ならば、ここから侵入するのが賢明である。その上で、建物内の警報システムを解除すれば警報機対策は万全だ。

ガレージや物置から侵入するのもときに有効な手段となる。はしごや大工道具などが収納されていることが多いからだ。

## 侵入の技術

### 地味なところからはじめるのが侵入の掟

ピッキングや合鍵の作製以外に、家に侵入する方法はいくつもある。スパイによる驚きの侵入方法を紹介する。

**予め街灯を破壊する**

街灯に照らされると侵入しようとしていることがバレてしまう。侵入の3日前くらいに予め街灯を壊しておくのがスパイのテクニックである。

**ドア付近を調べる**

家に侵入するには鍵を入手するのが手っ取り早い。玄関前のドアマットの下やポストに鍵を入れている場合があるので念のため調べておく。

**ガラスの引き戸を調べる**

窓の中でもっとも劣化しやすいのがガラスの引き戸の錠。窓を左右に揺らすと錠前が外れることがある。「いかに効率よく侵入するか」を考えることがスパイの基本姿勢である。

**ガレージを破壊する**

ターゲットにバレずに侵入するには、ガレージから忍び込む方法が挙げられる。ガレージはリビングや寝室から離れている場合が多く、シャッターが壊しやすいという利点がある。

# 上階へ侵入する際は
# 登山の技術を用いる

| 該当する年代 | 20世紀初頭 | 20世紀中頃 | 20世紀終盤 | 21世紀以降 |
| --- | --- | --- | --- | --- |

| 該当する組織 | CIA | KGB | SIS | 特殊部隊 | その他の情報機関 |
| --- | --- | --- | --- | --- | --- |

## ◎ フックとロープを使って
## 忍者のように高い壁を登る

バルコニーなどの高所からの侵入を試みるとき、スパイが使うテクニックがフック・アンド・クライムだ。塗装工が使用する筒状のナイロン製チューブラーテープやロープ、さらに金属製のフックを使い、即席の縄ばしごを作って高所に登る技術である。

使用するロープは半分に折り、両端を結びこぶを作ると、先端が輪になりフックができる。その間に等間隔で足をかける部分を作っていく。その際、結び目はフロスト・ノット（ふじ結び：クライミングで使う結び方）で結ぶようにする。足をかける部分は使用するロープの長さは、登る高さの2倍以上が必要だ。こうしてできあがった即席縄ばしごの先端にフックを差し込み、ポールでバルコニーの柵などに引っかければ準備万端となる。

ただ、この方法はフックを固定する目標がある壁でないと使えない。また、壁が高すぎる場合もフックが届かないので実行が難しい。そんなときは木登りや登山の際に用いるプルージック・ノットを使って、配水管などを伝って侵入を試みる。プルージック・ノットは、スリング（紐状の輪）をメインロープに巻きつけて固定するフリクション・ノットという結び方の一種。結び目を押し上げればスリングを簡単に動かせるのがポイント。下方向に力を入れるとしっかりと固定される。

スリングは両手両足の4つあると安定するが、片手片足の2つでも十分用は足りる。スリングを掴んだ手を目の高さに上げ、次に膝を引いて胸の高さまで上げる。その位置でスリングの輪に足をかけ立ち上がるようにしながら、再び手を上げる。これをくり返すことで体を引き上げていくのだ。ちなみに、特殊部隊の場合ははしご車両を用いて突入するという少々手荒な手段を取ることもある。

## 上階からの進入

### 人目をはばからず大胆な行動を取ることも

はしごや車両などを用いて上階から侵入することもあるスパイ。リスキーではあるが、時にはそういう作戦もある。

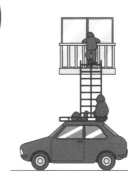

**フック・アンド・クライム**
フックのついたポールと縄ばしごで建物に登る方法。人目の少ない深夜の時間帯に実行するのが有効とされている。

**はしご車両**
特殊部隊が突入する際に使うのがはしご車両。車両にはしごが取り付けられ、すぐに組み立てることができる。一気に何人もの要員を送り込むことができる。

**スパイダーマン・サッカーズ**
垂直の壁を登る際に使用するアイテム。4つの真空パッドを使って、木やコンクリート、ガラスなど、材質に関係なく登ることが可能。対荷重は1tとされる。

プルージック・ノット

フロスト・ノット

**紐の結び方**
フロスト・ノットは山登りで使用する結び方で等間隔に結ぶことではしごのように使うことが可能。プルージック・ノットは結び目の移動が可能で、下方向へ力を入れれば固定されて動かない命綱としての役割を果たしてくれる。

スパイの心得

通信手段

監視

潜入

破壊工作

暗殺

# 爆薬の材料はホームセンターで揃えることもある

| 該当する年代 ▷ | 20世紀初頭 | 20世紀中頃 | 20世紀後半 | 21世紀以降 |
|---|---|---|---|---|

| 該当する組織 ▷ | CIA | KGB | SIS | 特殊部隊 | その他の情報機関 |
|---|---|---|---|---|---|

## ◎ 効率的な破壊工作には爆発物に関する知識が必須

一流のスパイは、爆破に関するスペシャリストでもある。侵入時はもちろん、暗殺や破壊工作、陽動といったさまざまな局面で爆発物を扱うことがままあるからだ。

第二次世界大戦中に創設され、各国特殊部隊の草分けとされるイギリス陸軍SAS（特殊空挺部隊）では、爆破に関する実践的な訓練コースを設けている。スパイが赴く現場に、同じものはふたつとない。また、不測の事態も当たり前のように起こり得る。そんなマニュアルどおりにいかないケースでも臨機応変の対応ができるよう、訓練生には実地だけでなく、爆薬を作る数式などを覚えて爆破のメカニズムが叩き込まれるという。

現代科学が生みだした最新のテクノロジー。それをどこに仕掛ければ効果が高いかなど爆薬のイロハを叩き込ま

れたスペシャリストたちである。彼ら特殊部隊は厳密にはスパイとは異なるが、国家の命令の下、時に専門知識を駆使して破壊工作に従事する点では同じである。

スパイが使用する軍用爆薬は、何も特別なものとは限らない。基本となる化学物質などの素材はホームセンターなどで入手可能であり、専門知識を身につけたスパイであれば容易に製造することができる。爆発物に関する規制が厳しい国にいて材料の調達ができそうになければ、他国から購入することも難しいことではない。

緊急に爆薬が必要な任務に就いた際、どうしても軍用爆薬の確保ができない状況に置かれたら、代替品を使うこともある。ガソリンはその代表例だ。ガソリンは同重量の高性能爆薬に匹敵する爆発力を持っている。揮発性が高く、さらに延焼力もあることから、人為的に火事を起こして混乱を呼ぶことも可能だ。

## 爆薬の技術

### 爆薬の知識は破壊工作活動に必須！

破壊工作をする際、必ず必要となるのが爆薬である。そのためスパイたちは爆薬に関する豊富な知識を持っている。

**爆薬の講義を受ける特殊部隊**
スパイの中に爆薬について豊富な知識を持っている者もいる。暗殺や破壊工作などを得意とするSASなどの特殊部隊は、多くの要員が取り扱うことができるという。

**爆薬の知識を学ぶスパイ**
爆薬に関する知識を習得するためには、複雑な数式を覚える必要がある。作戦では最小限の爆薬を使って、爆発力をいかに最大化するかが試されるからである。

効果的な設置場所

**スパイは設置場所を熟知**
スパイは爆薬を正確な位置に設置して、ターゲットを確実に吹き飛ばすことが求められる。また、自身も爆発に巻き込まれる危険性があるので、それも考慮する必要がある。

## 即席の爆弾

### わずかな時間で爆弾を作製する

敵国では爆薬を簡単に入手できない場合がある。そこで、スパイは日用品で簡易的な爆弾をつくることもある。

※火炎瓶の使用、製造、所持は、法律で規制されています。

**即席の爆弾を使用する**

爆薬を用意するにはそれなりの時間とお金、入手ルートを必要とする。小規模の爆発力を持つ爆弾であれば身近なアイテムで作製可能である。

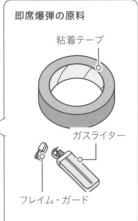

**即席爆弾の原料**

- 粘着テープ
- ガスライター
- フレイム・ガード

用意するのは粘着テープとガスライターのみ。使用する際はガスライターの上部にあるフレイム・ガードを外す。

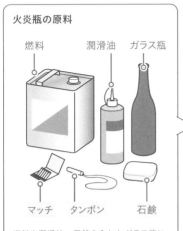

**火炎瓶の原料**

- 燃料
- 潤滑油
- ガラス瓶
- マッチ
- タンポン
- 石鹸

燃料や潤滑油、石鹸を入れたガラス瓶に、タンポンを導火線にしてターゲットに投げつける。混合物の割合で燃え方は異なる。

**火炎瓶も即席爆弾のひとつ**

火炎瓶は原始的な爆弾で「モロトフ・カクテル」とも呼ばれる。手榴弾などに比べると威力は低いが、クルマにぶつければ引火による大爆発が期待できる。

## 爆弾の使用法

### 爆弾は破壊するためだけのものではない

破壊工作活動には欠かせない爆弾だが、スパイはほかにもさまざまな局面で爆弾を活用する。

**侵入**

爆発物を使って扉を吹き飛ばし、侵入ルートを確保する。その際、爆薬の量はちょうど扉が壊れるくらいの量を調整する。

**暗殺**

爆弾は武器として活用することも可能。対テロリストなどの国を挙げた重要な作戦でのみ使われる。

**破壊工作**

クルマや建物などを吹き飛ばす際に、爆弾は有効に活用できるアイテム。ターゲットに見つからないようにセットする必要がある。

**陽動作戦**

敵の守りが堅い場合などに行う作戦。関係のない場所で爆発を起こして、敵が気を取られているうちに作戦を実行する。

# 大型船の破壊は
# たったひとりで行っていた

| 該当する年代 ▷ | 20世紀初頭 | 20世紀中頃 | 20世紀後半 | 21世紀以降 |
|---|---|---|---|---|

| 該当する組織 ▷ | CIA | KGB | SIS | その他の情報機関 |
|---|---|---|---|---|

## ◎ 船体に固定した爆薬を 時限信管で起爆させる

第二次世界大戦について語るとき、艦艇や戦闘機、戦車などを用いた兵器対兵器の戦いがクローズアップされがちだが、その陰ではスパイによる破壊工作も日常的に行われていた。自国の艦艇を消耗させることなく、隠密の工作活動によって敵船を1隻沈められるなら、コスト的にも割がいい。そんなときに用いられたのが、リンペット（吸着式機雷）とピンナップ・ガール（装着式機雷）といった船舶破壊用機雷である。

両者は機雷本体に差異はない。端的にいうと、プラスチック製の防水ケースに高性能爆薬を詰め込んだものだ。違いは船体への固定方法にあり、リンペットは本体に吸着用の強力なマグネットが6個ついている。一方、ピンナップ・ガールは、あたかも銃のようにスチール針を打ち出し、その針によっ

て船体に固定する方法を取る。

この種の機雷は、通常の輸送船であれば外板（船体の外殻）に約6平方cmの穴を開けることができた。とはいっても巨大な船舶を単独で沈没に至らしめることは不可能なため、通常は1隻に対して複数個取りつけて使用する。また、効率的にダメージを与えるため、缶室（ボイラー室）などの近くに仕掛けた。

船舶破壊用機雷は、ACディレイ（時限信管）によって起爆させる。機雷に取り付けたら、安全ピンを抜いて信管上部のネジを回すだけ。これで爆発へのカウントダウンがはじまる。ネジの役割は内蔵されたカプセルを壊すことで、これによりなかに詰めてあった酸が次第に染み出し、撃針を押さえていたセルロイドを溶かして点火に至るしくみである。安全ピンを抜いてカウントダウンがスタートしてから爆発までの時間は、カプセルに入れる酸の強度によってコントロールしていた。

## 船の破壊工作

### スパイは船を沈める技術を持っている

破壊と爆薬のプロフェッショナルであるスパイ。第二次世界大戦下では、機雷をセットして船を沈めていた。

**船舶を破壊する**

第二次世界大戦中のスパイが実行していた船の破壊工作。小型ボートに単身で乗り込み、機雷と呼ばれる爆薬で船舶を吹き飛ばした。

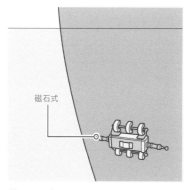

磁石式

**リンペット**

リンペットという機雷には強力な磁石が取りつけられていて、ピンナップ・ガールよりも簡単に仕掛けられた。ただし、威力は小さかったので数多く取り付ける必要があった。

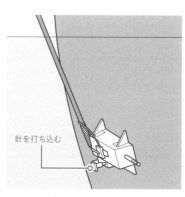

針を打ち込む

**ピンナップ・ガール**

ピンナップ・ガールと呼ばれる機雷を船舶に取り付けるには、ロッドというポールを操作して針を撃ち込む必要があった。また、機雷は1隻につき最低3個を取り付けた。

# 鉄道を爆破するときは
# トンネルごと吹き飛ばした

| 該当する年代 ▷ | 20世紀初頭 | 20世紀中頃 | 20世紀後半 | 21世紀以降 |
|---|---|---|---|---|

| 該当する組織 ▷ | CIA | KGB | SIS | 特殊部隊 | その他の情報機関 |
|---|---|---|---|---|---|

## ◎ 敵の輸送ルートを遮断して戦局を一変させる好手

　人や物資を運ぶ鉄道は、今も昔もメジャーな輸送手段である。特に戦時中は、兵員や補給物資を前線に送り出す重要な役割を担う。であればこそ、鉄道に対する破壊工作は戦局を一変させるほどの大きな意味があった。実際、第二次世界大戦の最中、攻勢を強めるドイツの野望をくじくため、米英仏などの連合国軍側は特殊部隊を使って、ドイツ軍の輸送列車にたびたび破壊工作を行った。

　鉄道の特徴をひとことでいうなら、専用路（線路）を専用車両（列車）で移動することにある。つまり、このいずれかを破壊して使用できなくしてしまえば、輸送という主目的は果たせなくなる。そこで爆薬、爆弾を用いた工作が積極的に行われることになったわけだ。

　モール（光度検知式起爆装置）は光の強度を測定するセンサーを使った起爆装置。爆弾と一緒にこれを車両の車軸受けに取り付けておくと、列車がトンネルを通過するときなど、センサーが光の明暗を検知したタイミングで爆発を起こす。爆薬にはTNT（トリニトロトルエンという化学物質から成る爆薬）やプラスチック爆薬（粘土のように形状を変えやすい混合爆薬）が使用された。

　線路や列車を破壊するため、大戦中にはフロッグ・シグナルという地雷のような起爆装置も開発されている。レール上に固定し、通過する車両の重量で起爆させるものだ。線路への固定はシンプルに留め具によって行った。

　ややアナログな方法になるが、石炭に偽装した爆弾ケース（石炭爆薬）を石炭置き場にさりげなく転がしておくこともあった。ただ、爆弾がほかの石炭と一緒に機関車に積み込まれたとしても、いつ火にくべられるか分からないので、タイミングは相手まかせなのが欠点ではあった。

スパイの心得

通信手段

監視

潜入

破壊工作

暗殺

## 鉄道の破壊工作

### 単身で乗り込んでインフラを崩壊させる

鉄道インフラに対する破壊工作は、成功すれば敵にとっては大打撃となる。その作法とは…!?

**鉄道を破壊する**

鉄道は人々や物資を運ぶための重要なインフラ。物資が滞れば作戦も滞るため、戦時下のスパイたちはさまざまな爆破装置を開発して破壊工作を行った。

モール

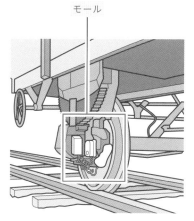

**モール**

列車の車輪に取り付けて使用するモールと呼ばれる起爆装置（光に反応するセンサー）がついていて、列車がトンネル内に入ったときに爆発を起こした。

**滑り止め**

列車の車輪の滑りをよくする車軽油に滑り止め剤を注入し、列車の動きを止める作戦もあった。列車に侵入さえできれば、爆薬も使わずに安価で作戦が実行できた。

# 橋を破壊するには
# 爆薬の設置が3カ所必要

| 該当する年代 | 20世紀初頭 | 20世紀中頃 | 20世紀終盤 | 21世紀以降 |
| --- | --- | --- | --- | --- |

| 該当する組織 | CIA | KGB | SIS | 特殊部隊 | その他の情報機関 |
| --- | --- | --- | --- | --- | --- |

## ◎ 輸送ルートを遮断するには橋を落とすのが効果的

敵施設や兵器の破壊は戦略的意味合いが大きいが、補給や兵員の移動を行う輸送路の破壊は、時にそれ以上に有効な一手となる。陸路では、鉄道と並んで幹線道路が輸送路として利用されるが、その際にポイントとなるのが橋だ。

なぜ橋が作られたのかを考えてみると分かりやすい。たいていは橋がないと渡れない大河や渓谷がそこにあるはずだ。つまり橋さえ落としてしまえば、行軍や輸送に支障を来すのである。迂回するにも、橋を直すにも相応の日数がかかるとなれば、敵方は戦略の見直しを迫られることになるだろう。

橋の破壊は、やはり爆破が手っ取り早い。一見、頑丈に築かれている橋でも、必ず構造上の弱点がある。そこに爆薬を仕掛けるのだ。石造りのアーチ橋は、中央の要石が置かれたあたりに、橋を分断するように横に爆薬を並べる。大型の橋は、要石を含めて3カ所に爆薬を仕掛けて威力を高める。トラス構造（三角形を複数組み合わせた構造形式）を使った鉄骨製のトラス橋は、強靱ではあるが、しかるべきポイントにダメージを与えれば、自分の重みで崩壊に導くことができるのだ。そのポイントとなるのが上面の梁、支柱、底面部分である。構造上のバランスを崩すとより効果的なため、爆薬を設置するときは等間隔に仕掛けず、橋脚を基準に左右に仕掛ける位置をズラしていく。

当面、橋が使いものにならなくなれば目的は達せられるが、復旧までの期間が長引けば、それだけ相手の補給を遅らせ、コスト的にも負担を負わせることができる。そのためには橋を支える橋脚を破壊するのが一番だが、肝心な場所だけに造りも頑丈。ドリルで穴を開けたり、水中なら爆薬量を増やしたり、防水処置をするなど、崩落させるには工夫が必要なのである。

## 橋の破壊工作

### 橋を壊すダイナミックな作戦も実行する

スパイの破壊工作活動の対象には橋も含まれる。敵を妨害にはうってつけの標的なのである。

**アーチ橋を破壊する**

アーチ橋は橋の中央部分が爆破に弱い。橋を崩すことができれば、敵方の人員や物資の補給を断つことができる。

**POINT**

設置場所

**要石**

橋を支える「要石」と呼ばれる部分に爆薬を設置する。3カ所ほどセットすれば威力が増し、橋を崩落させることが可能となる。

**POINT**

**ドリルで穴を開ける**

土台となる橋脚の部分は頑丈に作られている。それでもドリルで穴を開け、その穴に爆薬を仕掛けると壊れやすくなる。

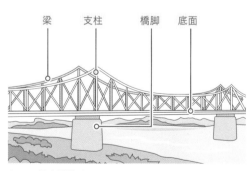

梁　支柱　橋脚　底面

**トラス橋を破壊する**

トラス橋の場合は梁、支柱、橋脚の部分に爆薬を仕掛ける。爆薬は変則的に設置したほうが、梁や支柱がランダムに倒れ、橋の崩壊を促進させられる。

# 排気口にジャガイモを詰めて
# クルマを無力化する

| 該当する年代 | 20世紀初頭 | 20世紀中頃 | 20世紀終盤 | 21世紀以降 |
|---|---|---|---|---|
| | | | | |

| 該当する組織 | CIA | KGB | SIS | 特殊部隊 | その他の情報機関 |
|---|---|---|---|---|---|
| | | | | | |

## ⊚ 低コストでも効果が大きい 破壊行為の数々

大小の破壊工作によって敵の行動を無力化することは、スパイにとって日常茶飯事である。ややスケールは小さいが、ターゲットのクルマにさまざまな仕掛けを施して足止めするのも有効な選択肢だ。

具体的な手段のひとつが、クルマのマフラーにジャガイモなど異物を詰めるというもの。排気がうまくいかずに異音が生じたり、排気が逆流したりする。すぐに走行停止に至らないにしても、不安になってクルマを走らせ続けることはできなくなるだろう。ただし、よほどきっちり詰めておかないと、排気で吹き飛ばされる可能性が高い。

ガソリンタンクに砂や砂糖を入れるのも、車は動かなくなるので有効。エンジンへのダメージが少ないので、車両の奪取も可能だ。古典的な方法だと、古釘の先端を曲げて道にばら撒き、タイヤをパンクさせるという工作も。同様に落石や倒木も交通の妨害には有効だ。ただ単に足止めだけが目的というなら、こちらのほうが確実である。もちろん、短時間の作業でどかせる程度では意味がないので、準備は入念に行っておきたい。

通信やライフラインを断ち切ることで、ターゲットを混乱に陥れるのもスパイが行う破壊工作のうちだ。水道管を叩いて破裂させたり、電線を切ったり、フックを使い引きずり下ろしたりしてライフラインにダメージを与える。あるいは路上の車両を炎上させたり、変電所を破壊したりするなど、敵の生産能力にダメージを与えるため、地域の平穏を乱すやや派手な工作も行うこともある。

簡易的なところでは、水道を出しっぱなしにするという手もある。浪費を増やして敵の資金を枯渇させる。水は人々にとっての生命線なので、地味ではあるが与えるダメージは大きいのだ。

# クルマの無力化

## クルマを動かなくする方法を熟知している

船や鉄道、橋などの破壊工作は主に戦時中の話。現代においてもっぱら行われているのは、クルマへの無力化である。

落石　倒木

**落石・倒木で道を塞ぐ**

木を倒して道を塞げば、クルマの進路を妨害することができる。爆薬で落石を起こせば、よりその効果は高まる。

**釘や鋲をばら撒く**

折り曲げた釘や頑丈な鋲を道にばら撒いてクルマのタイヤをパンクさせる。走行不能となったクルマはただの鉄塊だ。

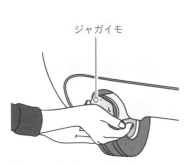

ジャガイモ

**排気口にジャガイモを入れる**

クルマはたった1個のジャガイモで動きを止められる。ちなみに、ジャガイモは排気口をすっぽりと塞ぐ大きさであることが重要である。

砂

**ガソリンタンクに砂を入れる**

ガソリンタンクに砂を注ぎ込むとフィルターが目詰まりを起こしクルマが停止する。エンジンに損傷は与えられないが足止めはできる。

## トラップを使った工作

### 罠を仕掛けて心理戦で妨害する

クルマのように物理的に行く手を阻まなくても、心理的ダメージを与えることで駅の行動を妨害することが可能となる。

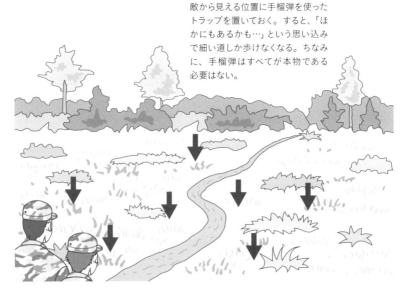

**手榴弾のトラップを置く**

敵から見える位置に手榴弾を使ったトラップを置いておく。すると、「ほかにもあるかも…」という思い込みで細い道しか歩けなくなる。ちなみに、手榴弾はすべてが本物である必要はない。

**落とし穴を作る**

敵に見つかりやすい場所に落とし穴を作り、底の部分に尖った竹槍を設置。敵の恐怖心を煽るのが目的なので、手榴弾のトラップと同様に、いくつも作る必要はない。

**地雷を設置する**

殺傷能力の高い地雷だが、敵の行動を制限するだけなら見える場所に1カ所設置するだけでも構わない。恐怖に陥った敵は、進行スピードが極端に遅くなる。

## インフラの破壊工作

### 相手を困らせることに長けたスキルの数々

破壊活動を得意とするスパイだが、その方法は多岐にわたる。インフラを遮断するのもスパイ技術のひとつである。

スパイの心得

通信手段

監視

潜入

破壊工作

暗殺

**電話線を切る**

電話は重要な通信手段のひとつ。携帯電話の電波が届かないような僻地であれば、その効果は絶大なものといえる。

**電線を引き下ろす**

電気を使えなくするための方法。照明や家電、PCなど、あらゆる電気製品が使えなくなり、大混乱に陥れられる。

**水道を出しっぱなしにする**

ターゲットの家に侵入し、水道の蛇口をひねるだけで損害を与えられる。排水口を塞いでおくとより高い効果が得られる。

**街を壊す**

住民を扇動して街を破壊させる。住民の信頼を得る必要があるため、成功するには長い期間と高い技術が必要となる。

# 必ず命中する超至近距離でしかピストルを発砲しない

| 該当する年代 ▷ | 20世紀初頭 | 20世紀中頃 | 20世紀終盤 | 21世紀以降 |
| --- | --- | --- | --- | --- |

| 該当する組織 ▷ | CIA | KGB | SIS | 特殊部隊 | その他の情報機関 |
| --- | --- | --- | --- | --- | --- |

## ◎ 武器を持っていない場合は絞殺がもっとも効率が良い

秘密裏に暗殺を行うには、その死を他殺に見せない工夫が必要だ。自然死か、あるいは事故死か。いずれにしろ他者の介在を疑わせないための、入念な計画や慎重確実な実行が要求される。これを容易に成し遂げることができるならば、そのスパイは相当な腕利きといっていいだろう。

一方で、秘密裏に行うのではなく、公然と相手の命を奪う暗殺もある。その場合、最初の大きなハードルとなるのがターゲットに接近すること。相手に発覚するリスクがつねにつきまとうし、何とか相手を自分の間合いに捉えたとしても、そこで取れる手段は限られてくるからだ。

殴る蹴るは論外。こちらに武道の心得があっても、必ず抵抗を受けるし、時間もかかる。身に帯びていても気づかれない程度のナイフでは、致命傷を与えることが難しく、うまくいかないことが多い。そこでスパイが選ぶのが、素手による絞殺、もしくはピストルによる射殺である。周囲に人がいなければ、最初の選択肢は絞殺となるだろう。ひとたび絞めの体勢に入ってしまえば、相手は攻撃を諦め、こちらの腕を振りほどくことに専念しなければならなくなるからだ。

ターゲットに速やかに接近できる状況にあり、発砲の妨げとなる障害物がなければ、小口径のピストルを使うこともある。身につけても目立たない小型ピストルは威力が弱いため、頭部や心臓を狙うのが確実な方法だ。また、初弾が外れることも考えられるので、数発撃ち込むのが常道とされている。

人の目のある場所、または群衆のなかでの襲撃では、サイレンサーをつけていても周囲に見られるリスクがあるため、逃走のためのルートは確保しておきたい。あるいは死を覚悟するのも、ひとつの選択かもしれないが。

## 暗殺

### 人知れず命を奪うスパイの暗殺方法とは？

暗殺はいかに証拠を残さずターゲットを消すかがスパイの力量となる。スパイが行う極秘の暗殺術を紹介したい。

**ナイフで刺すのは至難の業**
ナイフは殺傷能力が低いので成功率が低い。また、成功しても出血が激しいため殺しの痕跡を残してしまう。

**絞殺による暗殺**
痕跡を残さない殺し方としては、自らの腕を使った絞殺がもっとも適している。わずか数分で死に至らしめることができる。

**ピストルを使った銃殺**
ピストルは軌道がずれやすいので、使う場合はなるべく至近距離から撃つのが鉄則。サイレンサー（消音装置）を取りつけるとバレにくい。

**POINT**

頭

心臓

**狙う場所は2カ所**
ピストルを使う際は頭か心臓のどちらかを狙う。外すと取り逃がしてしまう場合があるので細心の注意を払う。

| スパイ<br>活動の作法<br>その20 |

# 暗殺はなるべく自殺か
# 事故死に見せかける

| 該当する<br>年代 ▷ | 20世紀<br>初頭 | 20世紀<br>中頃 | 20世紀<br>終盤 | 21世紀<br>以降 | | 該当する<br>組織 ▷ | CIA | KGB | SIS | 特殊<br>部隊 | その他の<br>情報機関 |
|---|---|---|---|---|---|---|---|---|---|---|---|

## ◎ 捜査陣に不審を抱かれない
## 自然な死を演出する

スパイは素性を隠して活動するもの。周囲の疑念を呼ぶことさえ許されない、いわば陰の存在である。したがって、スパイの手により実行される暗殺は、それが暗殺であると知られないことが究極的には望ましい。スパイがターゲットの死を事故死、自然死に見せかけるのはそのためだ。

具体的な方法としては、薬物投与、ガス爆発、転倒・転落による事故を装うなど。自動車事故に巻き込んだり、性的嗜好を利用したりすることもある。このうちスパイが好んで用いるのが薬物。過剰投与によって自殺に見せかける。アルコールによって薬理効果が亢進されやすい薬を、酒と一緒に飲ませることもある。この場合、注意したいのがターゲットの飲酒習慣の有無だ。普段飲まない人間、そもそも下戸の相手だと、捜査陣の疑念を招いてしまう。

転倒・転落死を装うときも、相手をまず酔わせるケースが多い。酔ったところを階段やベランダ、崖などの傾斜地から突き落とすのだ。ただ、確実に死ぬとは限らないので、事後の確認が必要である。

ガス漏れや感電による事故を装うこともある。機器へ仕掛けを施す必要もあるので、その扱い方や潜入方法など、ある程度の専門知識は身につけておかなければならない。

性的嗜好を利用して暗殺を行うときは、事前にターゲットに関する詳細情報を入手しなければならず、そういう意味ではひと手間かかる。ただ、個人の性的嗜好は、たいてい家族や友人といった身近な存在ほど秘匿していることが多いため、発覚しづらいメリットがある。特に倒錯的趣味、ひと目をはばかる異性関係が背景にある場合は、遺族もそれを明らかにしたがらない傾向があり、あえて迷彩を施さずとも事故として処理してくれることが多い。

## 事故死に見せかける

### 事故で死んだと思わせればミッション完遂（コンプリート）

スパイに殺されたと敵に知れたら報復合戦となる。そのため、スパイたちは事故死に見せかけることに心血を注ぐ。

**ガス爆発を誘発させる**

ターゲットが就寝したあとを見計らってガスの元栓を開けておく。翌朝、火を使った瞬間に爆発を起こし、ターゲットはガス漏れによる事故死として処理される。

**薬を過剰摂取させる**

泥酔させるか信用させるかして、ターゲットに大量の薬物を飲ませる。翌朝には薬の過剰摂取で死亡するが、暗殺した証拠を残さないようにするのはとても難しい。

**階段から突き落とす**

階段から突き落とすのは、事故死に見せかけるのにかなり有効な手段。階段はコンクリートなど硬い材質でできていて、なおかつ段数が多いと成功率が高まる。

**性的嗜好による
事故死に見せかける**

プレイ中、首を絞められることを好む者が少数ながらいる。そういうターゲットを事故死に見せかけることは非常にたやすい。

**クルマによる事故死**

ブレーキに細工をして効かないようにする。ターゲットがクルマを走らせれば、交通死亡事故に見せかけることができる。

# 死体の解体には硫酸と
# ハンマーが必要不可欠

| 該当する年代 ▷ | 20世紀初頭 | 20世紀中頃 | 20世紀終盤 | 21世紀以降 |
|---|---|---|---|---|

| 該当する組織 ▷ | CIA | KGB | SIS | 特殊部隊 | その他の情報機関 |
|---|---|---|---|---|---|

## ◎ 身元を特定する情報を死体からできるだけ除去

暗殺に限ったことではないが、スパイが任務の最中に人を殺したり、他者の死に立ち会ったりすることはままある。それが、死体をそのままにしておくことが許されない状況であったとしたら、少々やっかいなことになる。処分する時間的な余裕がない場合はなおさらだ。そんなときには、せめて死者と自分との関係を断ち切ってしまうことを考えるしかない。

とはいえ、科学捜査が日進月歩で発展を見せる現代では、死体の身元を分からなくすることは難しい。指紋や虹彩、網膜、歯など、個人を特定する材料には事欠かないからだ。法医学には、DNAという最終兵器もある。それでも、操作を滞らせるためにできる限りのことはしなければならない。そんなときに役立つのが酸である。

硫酸を指先にかければ指紋は焼け、歯にかければエナメル質が腐食する。顔にかければ眼球がただれるばかりでなく、顔の造作も崩れてしまう。人相自体を分からなくしてしまうのだ。日本のように歯科医が患者のカルテを保存している国では、犯罪捜査に手っ取り早く歯の治療歴が利用されることが多い。酸がすぐに入手できなければ、荒っぽいがハンマーや硬い石などで1本も残さずに歯を砕いてしまう方法もないわけではない。

遺体にタトゥーがある場合、個人の判別の助けになる。デザインから彫り師をたどることができれば、死体の身元がいち早く判明されてしまうかもしれない。そのため、タトゥーはナイフでしっかり切り取っておく。些細なヒントも与えないため、広めに削り取るのがベターである。

いずれにせよ、捜査で身元は特定されてしまうが、これらの処理を行うことで時間かせぎになり、その間に逃げることができる。

## 死体処理

### 処理次第で事件はなかったことに！

暗殺に成功しても、死体の身元が判明しなければ捜査は手詰まり。スパイが丹念に死体処理するのはそれが狙いだ。

顔から身元が判明してしまうため、こちらも強力な酸を使って皮膚を溶かす。ナイフで切り取るという手も使える。

死体は身元が分からないように解体するのが鉄則。周囲にバレてしまう恐れがあるため短時間で処理するのが必要がある。

歯の治療痕から身元が割り出せてしまうので、ハンマーを使って1本残らず粉々に砕く。

タトゥーが残っていると個人を特定しやすくなる。ナイフで皮膚を切り取ってしまうのが有効な手段。

#### 用意するもの

ゴム手袋　マスク

ナイフ

ハンマー

acid 硫酸

強力な酸を用いてターゲットの指紋をすべて消す。自身の指紋も採取されないように手袋をしたり、拭き取ったりすることも怠らない。

# 遺体を埋めるときは垂直に穴を掘って頭を下にする

| 該当する年代 | 20世紀初頭 | 20世紀中頃 | 20世紀終盤 | 21世紀以降 |
|---|---|---|---|---|

| 該当する組織 | CIA | KGB | SIS | 特殊部隊 | その他の情報機関 |
|---|---|---|---|---|---|

## ◎ 死体を土に埋めるときは頭を下にして縦に埋める

　スパイの世界とは関わりのない一般人による殺人でも、死体の処分に困って土に埋めるケースが少なからずある。ただ、その実行段階では、死体を横にして埋めるのがほとんど。なるべくなら穴を深く掘らずに済ませたい心理によるものだろうが、これでは範囲が広がって痕跡が見つかりやすくなってしまう。そこでスパイは、時間に余裕があるなら垂直に穴を掘り下げ、縦に死体を埋める方法を取る。そのほうが発見される可能性を低くすることができるからだ。墓穴の面積を狭くすればするほど、警察犬などの鼻をごまかしやすくなるし、死体が地滑りなどで露出するリスクも減らすことができる。腐敗して臭いを放ちやすい上半身を下にして埋めると、さらに発見されづらくなる。

　焼却もドラム缶で棺桶を作り、そこに死体を入れて焼いてしまう。ジェット燃料があればそれを使いたいところだが、近くにセキュリティの甘い飛行場があるとは限らないので、なるべく火力を上げやすい代替燃料を調達する。人間の体は意外に燃えにくいので、骨まで灰と化すには相応の時間が必要となる。なるべく炎に気づかれない人目のない場所で、煙の見えない夜間に実行することが望ましい。

　手間という点では、水中に沈めるのは比較的簡単な方法だ。ただ、人のいる場所に近いほど発見のリスクが高まるため、近くの池よりは山間の湖、港よりは外海というように、投棄場所はなるべく人里から離すことがポイントである。そのまま投棄すると、腐敗ガスで浮いてくるため、死体にはコンクリートや鉄アレイを結びつけ、さらに厚手のビニールシートで覆って沈めるのが有効だ。さらに外側を金網で覆えば、シートが破れて腐敗した一部が海面に浮いてくる心配もなくなる。

## 死体の処分

### 死体がなければ暗殺はなかったことに！

人知れずターゲットがいなくなれば単なる行方不明に過ぎない。そこで、スパイは死体を発見されないよう工作する。

**墓地に埋める**

見ず知らずの他人の墓地に死体を埋めると、掘り起こされる心配がないのでバレにくい。人目につかない深夜もしくは早朝に行うのが基本である。

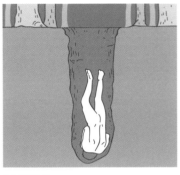

**土に埋める**

人気の少ない山林に行き、穴を掘って死体を埋める。人ひとり分の穴を掘るのは重労働のため、なるべくやわらかい土がある場所を予め探しておく。

**焼却する**

高温で焼却してしまうのも、バレない死体処理の仕方。金歯や銀歯など焼却し切れず燃え残ったものは、土に埋めて物証を残さないようにする。

**海に沈める**

海に沈める際は浮かび上がらないように重りを必ずつける。身元の判明が難しくなる白骨化には地上だと何年もかかるが、塩分濃度の高い海であれば数週間で済む。

# 第二次世界大戦中に
# 50万羽の伝書鳩が活躍

**戦時中、軍事通信は"鳩"が担っていた**

　無線が普及していない時代、軍隊における重要な伝達手段となったのが伝書鳩である。ハトは数百km離れた知らない土地に連れていかれても、家まで帰ってこれる帰巣本能がある。そのため、ローマ皇帝シーザーの紀元前の時代から戦時に伝書鳩は使われ、第二次世界大戦では何と50万羽以上の伝書鳩が活躍。当時のスパイも鳩を使用していた。

　なかでもイギリスの諜報組織はパラシュートをとりつけた鳩をドイツ占領下のフランスに投下。落下中にハトを保護するため、特製のコルセットでハトを包んだ。鳩を回収したスパイたちは、その鳩を再び飛ばしてイギリス本国と交信した。さらに、超小型カメラを仕掛けられた鳩が敵国の上空を飛び、敵陣営を撮影することもあった。

# 3章

# 生き残りの
# 作法

◎ ◎ ◎

スパイが諜報活動を行うにあたり、敵に捕まるというリスクからは逃れることはできない。敵に捕まることはミッションの失敗を意味するだけに、スパイは生き残るための訓練を欠かさない。本章では、スパイたちが持っている生き残るための術の数々を紹介する。

# 堅固な場所を瞬時に
# 見つけ出して銃弾を防ぐ

| 該当する年代 | 20世紀初頭 | 20世紀中頃 | 20世紀終盤 | 21世紀以降 |
|---|---|---|---|---|

| 該当する組織 | CIA | KGB | SIS | 特殊部隊 | その他の情報機関 |
|---|---|---|---|---|---|

## ◎ 意識と知識が危険から 自分の身を守ってくれる

しばしば危険な状態に身をさらすことになるスパイにとって、自分の身を守ることは非常に重要である。

自己防衛の意識が必要になるのは、任務中だけではない。プライベートでも気を抜かず、「次の瞬間に危険な何かが起きるかもしれない」という意識を抱く必要がある。

たとえば、自己防衛の意識が働いていれば、建物に入った際には逃げ道になる出口を探すことだろう。こうした習慣があれば、トラブルが発生しても速やかに脱出することができる。

任務で潜入中なら、より強い警戒心を発揮しないといけない。着用する衣服もその場に適した目立たないものにするべきだろう。ビジネスマンや学生、旅行者などに見えるような平凡な衣服を着て、派手な色合いの服や特徴的なロゴが入った服は避ける。スパイは、目立たなければ目立たないほど安全でいられるのだ。

スパイにとって目立たないこと以上に重要なのは、衣服や所持品の中に任務や脱出のために必要な装備を隠し持つことである。

任務のための装備というと、映画などで描かれるようなハイテク秘密兵器を想像するかもしれないが、むしろ現地でも調達可能なローテクなもの、その場にあるものを使って即席に作れるような道具を使うことが多い。

また、スパイは建物の素材の強度を把握しておくべきである。なぜならコンクリートやスチール、花崗岩など銃弾を防ぐ材質であれば、とっさの際にそこに身を隠すことができるからだ。クルマの近くで狙撃された際も、なかが空っぽのトランク側より硬い素材が何重にも重なっているエンジン側に隠れるほうが安全。自分の生存率を上げることができるのは自らの知識だけなのである。

# 自己防衛

## 生き残りをかけて全力で身を守る

時として命を狙われることもあるスパイ。そう簡単にやられないために、彼らは身を守るための術を心得ている。

コンクリート

石膏ボード

### 予め逃げ道を確保する

食事に行ったり買い物に行ったりするときも、敵から襲われることを想定して逃げ道を確保する。ちなみに、一流のスパイは非常口の確保のみならず、その後の逃走ルートまで考えている。

### 身を守る素材を熟知している

石膏ボードでできた壁ではなく、コンクリートでできた柱部分に隠れるのがセオリー。銃撃に遭った際、弾が貫通しない素材を身を隠せるか否かが生死を分ける。

エンジン側

### トランク側には隠れない

クルマのトランク側にはガソリンタンクがあるので、銃撃されたら引火して爆発しかねない。スパイがクルマに隠れるときは、かならずエンジン側に身を伏せる。

## POINT

ソファ　　　ゴミ箱　　　自販機

### スパイが盾にしないアイテム

布や木でできたソファ、プラスチックでできたゴミ箱は、銃撃に耐えられないので盾にすることはない。また、頑丈そうに見える自販機も銃撃を受けたら簡単に貫通してしまう。身を隠すくらいなら、できるだけ敵から離れたほうがベター。

117

# つねに物は定位置に置き、敵の進入を見破る

## ◎ 部屋を物色されたことを見抜くためのテクニック

任務のために外国に潜入したスパイは、ホテルの一室などを隠れ家にすることとなる。場合によっては、敵に居場所がバレてしまい、逆に侵入されてしまうこともあるだろう。

彼らは万が一に備えて、身分を示すものや任務において重要なものは身につけて持ち歩く。だが、持ち歩くと危険なものやデータなどは、部屋に隠しておかなければならない場合がある。

ホテルの金庫はホテルスタッフでも開けられるので安全とはいえない。もっと安全な隠し場所を確保しておく必要がある。

安全な保管場所の条件としては、探し出すのに時間がかかる場所だということ。テレビの内部や通気口の中などは、ドライバーを使ってネジを外さないといけないので、開けるのに時間がかかり、ゆっくりと時間をかけられない侵入者にとっては不都合だ。

また、誰かが隠れ家に侵入した際には、それを見破れないといけない。そういう意味でも、前述のネジには痕跡が残りやすいというメリットがある。

物色を見破るテクニックとしては、物の配置で方位を揃えておくというものがある。たとえば、机の上に置いたペンの先を北に向けておくのだ。ペンの先が北からズレていたら、誰かが物色したということである。

物と物の間隔などを自分の親指を使って測っておくのもいいだろう。こうしておけば、何者かが物を動かした際にはそれがすぐに分かる。ドアや引き出しに小さな糸くずを挟んでおいて、開けられたことが分かるようにするのもいい。

出かける前に部屋の写真を撮っておくのもテクニックのひとつだ。戻ってから同じ場所の写真を撮り、2枚の写真を比較して位置が変わった物を探し出してくれるアプリを使うのだ。

## 侵入対策

### 不審な動きがないか自室であっても意識する

集めた情報を根こそぎ敵に盗まれる可能性もある。日頃か
ら情報を盗まれていないか警戒にあたっている。

親指1本分

**隙間を空ける**

机の端とPCに親指1本分くらいの隙間をつね
に空けておく。もしもそれが変わっていたら
侵入者が物色した証拠となる。

向きをそろえる

**配置した位置や角度を覚える**

コーヒーカップの持ち手や机の上に置いたペ
ン先は、つねに左側を向くように置いておく。
方向が変わっていれば、誰かが触ったという
ことである。

糸くず

**引き出しや扉に糸くずを挟む**

引き出しや扉に糸くずを挟んでおき、その糸
くずが移動していたら物色されたことを意味
する。敵からすれば糸くずはあまりに小さす
ぎて気づかないが、スパイはこのようなトラッ
プをつねに仕掛けている。

**隠しカメラを設置する**

あからさまに監視カメラを設置すれば、敵が
侵入したときに発見されるばかりか、カメラ
だけでなく部屋ごと壊されてしまう可能性が
ある。そこでスパイは、敵に分からないよう
にカメラを隠している。

# 隠匿術

## 重要な情報は盗まれないよう自室に隠す

侵入者が来ても大事な情報はすぐには見つからない場所に隠しておく。つねに万全を期すのがスパイの作法である。

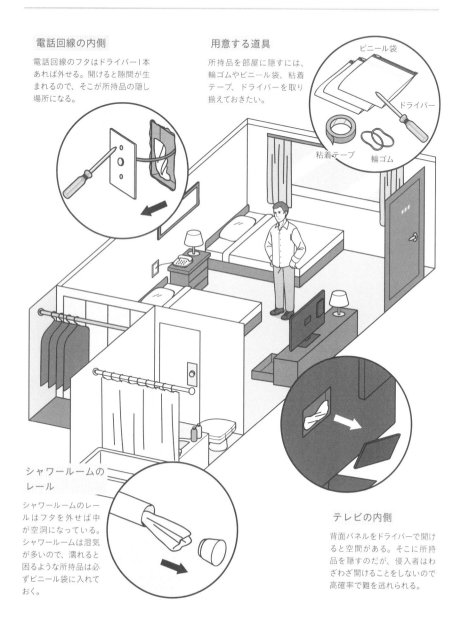

### 電話回線の内側

電話回線のフタはドライバー1本あれば外せる。開けると隙間が生まれるので、そこが所持品の隠し場所になる。

### 用意する道具

所持品を部屋に隠すには、輪ゴムやビニール袋、粘着テープ、ドライバーを取り揃えておきたい。

ビニール袋

ドライバー

粘着テープ　輪ゴム

### シャワールームのレール

シャワールームのレールはフタを外せば中が空洞になっている。シャワールームは湿気が多いので、濡れると困るような所持品は必ずビニール袋に入れておく。

### テレビの内側

背面パネルをドライバーで開けると空間がある。そこに所持品を隠すのだが、侵入者はわざわざ開けることをしないので高確率で難を逃れられる。

## 侵入防止

### 簡単には敵を侵入させないテクニック

ドアはピッキングや銃で鍵を壊され、簡単に侵入される可能性がある。いざというときの侵入防止対策を紹介する。

**バリケードを作る**

室内にあるイスや机、ベッドなどを扉に集めてバリケードを作り、侵入に手間取っている間に逃走をはかる。

**ドアストッパーを設置する**

扉を開けたまま固定するためのドアストッパー。扉の四方をドアストッパーで固めれば、侵入者はなかなか開けることができない。

**突っ張り棒を設置する**

ドアノブの下に突っ張り棒を差し込めば、ドアノブが固定されて鍵をかけたときと同じようになる。侵入するのには相当な力を要する。

**POINT**

**鍵をかけるなら
外開きの扉のほうが安心**

スパイは自分の身を守るために、扉が内側開きか、それとも外側開きかを考えながら行動している。人間は引っ張る力よりも押す力のほうが圧倒的に強い。内側に開く扉は、外側に開く扉よりも安全性が低いのだ。

# まずは逃げる、次に隠れる！
# 戦うのは最終手段

| 該当する年代 ▷ | 20世紀初頭 | 20世紀中頃 | 20世紀終盤 | 21世紀以降 |
|---|---|---|---|---|

| 該当する組織 ▷ | CIA | KGB | SIS | 特殊部隊 | その他の情報機関 |
|---|---|---|---|---|---|

## ◎ 逃げも隠れもするのが スパイの作法

スパイ映画には激しい銃撃戦がつきもの。もちろん現実のスパイも敵から銃撃されることがある。だが、映画などのフィクションのスパイと現実のスパイが違うのは、現実のスパイにとって戦うのはあくまで最後の手段であるという点だ。

銃撃された場合に、撃たれた側が取る選択肢は「逃げる」「隠れる」「戦う」の3つである。このなかで一番優先されるのが「逃げる」、次が「隠れる」で、逃げることも隠れることもできない場合にはじめて「戦う」のだ。

逃げる場合に重要なのは、銃撃者が狙いを定めにくいようにすることだ。動いている標的を撃つのは難しいので、じっとせず走って移動する。なおかつ、相手が狙いにくいようにジグザグに走る。移動の途中で身を隠せる物体があったら、その陰に隠れながら走って逃げるのがセオリーだ。

逃げるのが不可能な場合は、隠れないといけない。その際には、銃撃者と自分との間に遮蔽物が配置されるようにする。また、ただ隠れるのではなく、銃撃者から目を離さず、様子を把握しておく点も重要だ。

隠れる際には、携帯電話などの音が出る機器をサイレント・モードにする。音が鳴ってしまうと、相手に隠れ場所を教えてしまうことになる。

部屋に隠れる場合は、鍵がかけられるなら鍵をかける。また、家具など部屋の中にある使えるものをすべて使ってバリケードを作る。その上で、ドアから離れた場所で銃弾を防ぐ硬い物体の背後に隠れるのだ。天板が花崗岩（御影石）のテーブルなどがあれば、倒してその天板で銃弾から身を守る手もある。部屋に窓があるなら、ブラインドやカーテンを閉めてなかの様子が外からは分からないようにするのも忘れてはいけない。

## 銃撃への自衛策

### 銃で狙われてもスパイは撃たれない！

一流のスパイは銃を持った敵が現れても一切動揺することはない。周囲の状況を的確に判断し、ピンチを乗り越える。

**ジグザグ走行で逃げる**

真っすぐ逃げてしまうと照準を絞られやすく、銃弾を浴びてしまう恐れがある。ジグザグに走れば撃たれる確率が格段に下がる。

**物陰に隠れる**

銃を持った相手と対峙した場合、物陰を見つけて隠れるのが正解。さらに、隙を見つけてその場から離れる好機を待つ。

**応援を呼ぶ**

応援を呼べそうであれば連絡を取る。携帯で通話すると話し声で敵に見つかってしまうので、できればメールで応援を要請する。

**戦う**

相手の人数が少なければ応戦することも考える。ただし、バットやゴルフクラブといった武器を持っていることが大前提である。

# 銃弾は本を束ねて作った
# 即席の防弾チョッキで対応！

生き残りの
作法
その4

| 該当する年代 | 20世紀初頭 | 20世紀中頃 | 20世紀終盤 | 21世紀以降 |
|---|---|---|---|---|

| 該当する組織 | CIA | KGB | SIS | 特殊部隊 | その他の情報機関 |
|---|---|---|---|---|---|

## ◎ 任務に必要な装備を即席で製作

スパイは現地で調達できるものを使って任務のための道具を即席で作り上げることがある。

その代表例が防弾チョッキだ。所属している組織から支給される防弾チョッキは品質がよいが、潜入中に拘束された場合、防弾チョッキから身元が判明する危険性もある。

だからスパイは防弾チョッキを潜入地で作製する。材料となるのは、ハードカバーの本数冊、粘着テープ、セラミックタイルだ。

まず、本を2冊以上重ねる。本の外側の両面にセラミックタイルを並べて粘着テープで巻き、本とタイルを固定する。これを2つ作り、粘着テープで作った吊り紐で肩からかける。腹側と背中側をテープで何重かに巻きつけ、本とタイルを身体に固定すれば完成である。

市販の防弾製品としてケプラー繊維製の防弾クリップボードがあるが、このボードは目立たず任務地に持ち込みやすいので、これを活用するのもいいだろう。

方位を調べるためのコンパスも即席で作れる。2本の棒状のレアアース・マグネット（希土類磁石）でケプラー繊維の糸を挟む。糸で磁石をぶらさげるとコンパスとして使える。即席コンパスは小さいので、ズボンのすそなどに縫い込んで隠し持つことも可能だ。

市販のホルスターは隠し持つのが難しいので、ホルスターを即席で作るスパイもいる。ハンガーと粘着テープだけでホルスターは作れる。ハンガーで銃身を引っ掛けられる形を作り、ワイヤーをカッターなどを使って切断。先端にテープを巻き、ベルトに取り付ける。こうして作った即席ホルスターは市販のものと比べてかさばらず、銃を素早く引き抜けるという利点がある。

## 即席の防弾チョッキ

### 銃撃されても即席アイテムで徹底ガード

激しい銃撃に備え、スパイは即席で防弾チョッキを作る。
即席とはいえ、銃撃に十分耐え得る代物だ。

セラミックタイルや本で作った即席の防弾チョッキ。
試着後はジャンプテストをして、しっかりと体に固定
されているかどうか確かめる。ズレが生じるようで
あればテープで固定する。

粘着テープ　ハードカバーの本

セラミックタイル

**用意するもの**

ハードカバーのついた本、セラミック
タイル、それを体に巻き付けるための
粘着テープを用意する。

ピストル

×1

ライフル

×3

**ライフル銃を持った敵には
強度を3倍にする**

ピストルとライフルでは威力が3倍違うといわ
れる。即席の防弾チョッキをつけても貫通す
る恐れがあるため、ライフルを持った敵の前
では強度を最大限に高める。

> **POINT**
>
> ## スパイはコンパスも即席で作れる
>
>
>
> スパイはいつ捕らわれの身となり、見知ら
> ぬ土地へ拉致されるか分からない。その
> ため棒磁石をつねに体のどこかに隠し、い
> つでも即席のコンパスを作れるようにして
> いる。なぜなら敵から自力で脱出したとき、
> 方角さえ分かれば安全な場所に戻れる可
> 能性が高まるからである。

自衛

護身術

サバイバル

脱出

125

# スパイ道具はバッグに
# 入れずに服のなかに常備

| 該当する<br>年代 ▷ | 20世紀<br>初頭 | 20世紀<br>中頃 | 20世紀<br>終盤 | 21世紀<br>以降 |
|---|---|---|---|---|

| 該当する<br>組織 ▷ | CIA | KGB | SIS | 特殊<br>部隊 | その他の<br>情報機関 |
|---|---|---|---|---|---|

## 仕事をする上で欠かせない
## 七つ道具がスパイにもある

　仕事をする上で必要な道具の１セットのことを七つ道具と呼ぶが、スパイにも任務の際に必ず携帯する仕事道具が存在する。

　どれも情報を集めたり危機を脱したりするために役立つものばかりだが、決してバッグのなかにまとめて入れることはない。なぜなら、敵にバッグを奪われる事態が発生したら、仕事道具のすべてを失うことになるからだ。たいていはバッグのなかではなく着ている衣服のポケットに隠し持っている。

　スパイの仕事道具は携帯電話や現金、腕時計など、さほど一般人と変わらないものも多いが、スパイらしいところでいえばピストル、ナイフ、ペン、鍵の型取り器、ピッキング・ツールなどである。

　スパイの基本姿勢は法令順守なので、銃規制がされている国ではピストルを堂々と持ち歩くことはしない。そこで護身用のアイテムとなるのがナイフやペンである。これらは当然ながらピストルほどの威力はないが、持っていれば敵と素手で対峙する際に心強い味方となってくれる。

　鍵の型取り器やピッキング・ツールは建物に侵入するために必要なアイテムだが、敵に捕られたときなどは脱出用のアイテムにもなる。スパイは作戦の実行を考えつつも、つねに逃げ道も用意しているのだ。

　また、スパイはカミソリの刃やコンパスも常備している。一見、必要なさそうなアイテムにも思えるが、これらも敵に捕らえられたときにかなり役に立つ。もしも敵に捕らえられて縄で拘束されたとしても、カミソリの刃を服のなかに仕込んでおけば縄を切ることが容易となる。そして、コンパスの出番となるのは、縄をほどいた逃走後である。コンパスがあれば、どの方角に逃げているか一目で確認できるのだ。

## 常備品

# スパイにとって必要不可欠な仕事道具とは？

突然のミッションにも応えられるようスパイ道具は手放さない。スパイがいつも常備しているアイテムを紹介する。

### 携帯電話
仲間との交信や増援の要請などに必要な通信アイテム。

### 現金
人を金で雇ってスパイにしたり、ものを買ったりするときに必要。

### ピストル
護身用や脅迫用など1丁持っていれば心強い。

### ペン
メモを書き込むだけでなく、緊急時には武器にもなる。

### カミソリの刃
武器や便利アイテムとして使用。ちょっとした隙間に忍ばせられる。

### 腕時計
時刻の確認だけでなく時間をはかるときにも用いる。情報収集時の必需品。

### ナイフ
工作活動や護身用に1本あると重宝する。

### ピッキング・ツール
侵入や脱出の際など、開錠するときに必要な道具。

### 上着や衣類に隠し持っているスパイの常備アイテム
スパイの任務を支えるアイテムの数々。つねに想定外のことを考え、あらゆる脅威から身を守るために必要なものが一通り揃っている。

### コンパス
方角が分からなくなった場合に必須。逃走中のときに便利。

### 鍵の型取り器
合鍵を作るときに必要。侵入や脱出を手助けしてくれる。

### ヘッドライト
光のない場所での作戦に大いに役立つ。

### キー・ブランク
合鍵を作製するときに必要なアイテム。

# 逃走用のバッグには
# 2日分の食料を用意する

| 該当する年代 ▷ | 20世紀初頭 | 20世紀中頃 | 20世紀終盤 | 21世紀以降 |
|---|---|---|---|---|

| 該当する組織 ▷ | CIA | KGB | SIS | 特殊部隊 | その他の情報機関 |
|---|---|---|---|---|---|

## ◎ トラブル発生時にスパイが姿を消すために役立つ道具

　国外での任務に向かう際に、スパイが準備するのが「逃走用バッグ」である。逃走用バッグは文字通り、逃走のための道具が入れられたバッグであり、任務中に何らかのトラブルが発生し逃げ出さないといけない際に役立つ。スパイは任務が再開する手はずが整うか、もしくは脱出のための用意が整うまで、このバッグの中身を活用して敵から姿を隠すのである。

　バッグ自体は、逃走の際に邪魔にならないバックパックやメッセンジャー・バッグを選ぶ。キャリーバッグやスーツケースなどは論外だ。

　任務のための車両に乗る際は、すぐに手が届く場所に逃走用バッグを置くようにしないといけない。そうしておけば、敵からの攻撃などで車両が横転した場合にも、バッグを手にして即座に逃げ出すことができる。

　逃走用バッグに入っているのは、水、食料、医療セット、現金、クレジットカード、万能工具、懐中電灯、GPS、予備の電池、防水仕様の紙の地図、予備の弾倉などである。バッグが重くならないよう食料はエネルギーバーなどの非常食がよい。これらは1〜2日分の逃走を想定したものとなっている。

　バッグのなかに入れる食料は、食べ物なら何でもいいというわけではない。逃走用バッグはなるべく軽量にしないといけないので、缶詰のような重いものは避け、エネルギーバー（栄養補助食品）などを選ぶ。また、携帯電話も入れるが、これは正規に流通しているタイプのものではなく、裏社会で利用される使い捨て電話アプリと同種のものである。

　着替えの服もバッグに入れる。逃走時に着替えることを考え、目立つ服を避けるのはもちろん、監視の目を眩ませるために、今着ている服とは違った色の服を用意するのが基本だ。

自衛

護身術

サバイバル

脱出

## 逃走グッズ

### 逃走するときに必須のバッグの中身を紹介

敵の追跡から逃れるためには手ぶらでは厳しいものがある。
スパイは事前に逃走用のバッグを準備している。

**弾倉**

もしものためにピストルの弾をバッグに忍ばせている。

**止血帯**

敵に撃たれたときを想定して常備。

**逃走用バッグ**

敵から追われるなど、一時的に身を隠す際に使う逃走用バッグ。あらゆる事態を考え、スパイはつねに身近な場所に常備している。

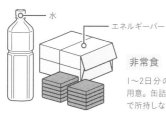

水 / エネルギーバー

**非常食**

1〜2日分の飲食物を用意。缶詰は重たいので所持しない。

**携帯電話**

予備の携帯電話があれば緊急時でも仲間と連絡が取れる。

**クレジットカード**

必要なものを買うときに1枚あると便利。

---

**スパイFILE**

### 逃走用バッグは災害時にも使える

いくら情報のプロであるスパイといえども、テロ行為や大地震といった予測がつかない事態に巻き込まれることがある。そんなとき使えるのが逃走用バッグ。非常用持ち出し袋に早変わりし、スパイの身を助けてくれるのである。

# 指紋を採取されないように軽石で削り取る

| 該当する年代 ▷ | 20世紀初頭 | 20世紀中頃 | 20世紀終盤 | 21世紀以降 |
|---|---|---|---|---|

| 該当する組織 ▷ | CIA | KGB | SIS | 特殊部隊 | その他の情報機関 |
|---|---|---|---|---|---|

## ◎ 作戦現場に自分の痕跡を一切残さないための技術

　昔からスパイは自分の痕跡を残さないように工夫を凝らしてきた。科学技術が進歩した現代においては、DNAの痕跡を残さないようにすることもスパイには求められる。

　DNAは皮膚細胞や毛髪から抽出することができるので、スパイは皮膚や毛髪を現場に残さないように心がけないといけない。

　事前の準備として、スパイはシャワーを浴びて全身をこすって洗う。抜けた毛とはがれかけた皮膚細胞をすべて洗い流すのだ。服は全身を覆うタイプを選ぶ。新品が望ましいが、そうでないなら洗濯したものを着用する。服を着るときは手袋をつけて、服に手を触れないよう気をつける。髪の毛が落ちないように帽子もマストだ。

　作戦の現場ではマスクも着用し、唾液や鼻水が飛び散らないようにする。必要なもの以外には手を触れないようにして、作戦を実行。終了して現場から離れたら、着用した衣服はすべて焼却して処分する。こうすれば、DNAの痕跡は残らない。

　DNA以外で気をつけないといけないのは指紋である。犯罪の捜査でも使われる指紋の痕跡をスパイが残してよいはずがない。

　作戦の実行時には、指紋を残さないために手袋を着用する。手袋から特定されやすい繊維や物質が落ちないように注意する。とはいえ、手袋の着用が人目を引いてしまう状況もあるだろう。その場合は、スパイは軽石を使って指紋を削ったり、強力瞬間接着剤を指紋に塗って指紋を消す。また、酸で溶かしたりナイフでそぎ落としたりする方法もある。指紋は一時的になくなるが、このような手荒な方法でも時間が経てば元に戻るので心配はいらない。ただし、傷が癒えるまでは相当な痛みを伴う。

## 証拠隠滅

### 一切痕跡を残さないのがスパイのテクニック

指紋やDNAは個人を特定するための重要な証拠。スパイは
それらの痕跡を一切残さないように行動する。

**シャワーを浴びる**

はがれた皮膚や抜け落ちた髪の毛からDNA
を採取されてしまう可能性がある。そのため
防止策としてしっかりシャワーを浴びる。

**全身を覆う**

体だけでなく頭もしっかりと覆う。指紋を残
さないように手袋をつけるのも必須である。
また、何が痕跡になるか分からないので必要
なもの以外には触れない。

**服を燃やす**

作戦に使った服は燃やすことで
証拠を隠滅することができる。
その際、燃え残しがないように
最後までしっかり見届ける。

接着剤

軽石

**指紋を落とす**

指紋は個人を特定する決定的
な証拠になる。そのためスパイ
は、接着剤で指紋の溝を埋め
たり軽石で削ったりする。

**Column**

### 薬で指紋がなくなる？

カペシタビンという抗が
ん剤には一時的に指紋を
消す効果がある。この薬
を飲むと副作用が起こり、
指先が炎症を起こして皮
膚の皮が剝けてしまうため
だ。一部のスパイはこの
副作用を知っていて、任
務の前に服用するという。

# デジタル機器の搬入は
# 4枚重ねのアルミホイルを使う

| 該当する年代 ▷ | 20世紀初頭 | 20世紀中頃 | 20世紀終盤 | 21世紀以降 |
| --- | --- | --- | --- | --- |

| 該当する組織 ▷ | CIA | KGB | SIS | 特殊部隊 | その他の情報機関 |
| --- | --- | --- | --- | --- | --- |

## ◎ 4枚重ねのアルミホイルで外部からの信号を遮断！

現代人にとって必需品となっている携帯電話。当然、スパイも携帯電話を利用するが、携帯電話は利用者と紐づけされたアイテムであり、慎重に使用しないと敵から行動を追跡されてしまう危険性がある。

国が通信会社を所有し、通信ネットワークを管理している場合、より念入りに気をつけて携帯電話を扱わないといけない。こうした国においては、スパイは自分の携帯電話は持ち込まず、現地で契約不要のプリペイド式携帯電話を入手して使うのが定石だ。128ページで解説したように、非正規ルートで入手した裏社会の携帯電話もスパイの強い味方である。

携帯電話を含めて、タブレットやノートパソコンなどのデジタル機器の持ち運びは慎重に行わないといけない。外部からの信号を遮断する必要があるか

らだ。そのため持ち運ぶ際には、機器をアルミホイルでしっかりと密閉する。1〜2枚程度だと信号を通してしまうので、アルミホイルは最低でも4枚重ねで機器を包む。

敵からの追跡を避けるために携帯電話の電源を切っても、完全に安全とはいえない。多くの携帯電話では、電源を落としても機器内の予備電池が作動しているので、追跡が可能なのだ。

前述の4枚重ねのアルミホイルなどの手段が取れず、それでも信号を完全に遮断したいときはすべての電池とSIMカードを外さないといけない。それが不可能な場合は、携帯電話などデジタル機器の所持はあきらめて隠れ家に置いて出かけるしかない。

逆にターゲットの連絡手段を妨害したいときは携帯信号遮断器と呼ばれる装置を使う。強力な電磁波を発生させて携帯電話を圏外にしてしまうのである。この装置は病院や大学で普通に使われている。

## 通信の遮断

### 情報が漏洩しやすい携帯電話の取り扱い

携帯電話は傍受されやすい通信アイテムのひとつ。それだけに、扱い方には最善の注意を払っている。

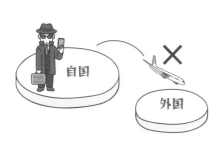

**そもそも自国からは持ち込まない**

携帯電話を外から持ち込むと、外部から持ち込まれた機器として通信ネットワークを使って探知されてしまう恐れがある。監視や追跡の対象になるので持ち込むことはしない。

**アルミホイルで包む**

携帯電話からは微量の電波が発せられている。この電波を遮断するために使われるのがアルミホイル。4枚重ねにすると効果を発揮するといわれている。

### スパイFILE

#### ゼロ・トレース

携帯電話を傍受されたくなければ、「ゼロ・トレース」と呼ばれる、電波を遮断するバッグを用意する。市販品として市場に出回っているので比較的入手しやすいアイテムである。

**SIMカードを抜く**

電源を切っても予備の電池が携帯電話には搭載されている。また、痕跡を一切残さないようにするなら、SIMカードも抜き取っておくことも忘れない。

# シリコン製の偽のかさぶたの
# 下にスパイ道具を隠した

| 該当する年代 ▷ | 20世紀初頭 | 20世紀中頃 | 20世紀終盤 | 21世紀以降 |
|---|---|---|---|---|

| 該当する組織 ▷ | CIA | KGB | SIS | 特殊部隊 | その他の情報機関 |
|---|---|---|---|---|---|

## ◎ スパイ道具の隠し場所は カバンや衣服だけではない

　任務や危機回避、脱出などに役立つスパイの道具だが、敵に捕まってしまった場合、当然それらは没収されてしまう。慎重に隠していても身体検査で見つけられてしまうことだろう。衣服のなかに隠していたとしても、服をすべて脱がされてしまうかもしれない。

　だが、そんな危機的状況でも優秀なスパイはあきらめない。最悪の事態に思えても、彼らは自分の体に道具を隠しているのだ。

　隠し方はシンプルで体の表面にカミソリの刃や鍵といった脱出用の道具を貼り付けるというもの。もちろん、そのままだとすぐ見つかってしまうので、血や膿で汚れた絆創膏をその上から貼って道具を隠す。汚れた絆創膏は触りたくないという意識を利用したテクニックだ。

　絆創膏以外には、シリコン製の偽の人工の傷跡だ。体の表面に脱出用道具を貼り付けて、医療用接着剤を使って人工の傷跡で覆うのだ。こちらは傷跡にしか見えないので、絆創膏以上に敵の目を欺ける可能性が高くなる。

　脇毛や股間の陰毛などの体毛に武器を隠す方法もある。毛の生え際に医療用接着剤を使って、脱出のための道具を貼り付けるのだ。身体検査されるときでも、下半身を念入りに調べられることは少ないので、陰毛は道具のよい隠し場所になるのである。

　体内も道具の隠し場所になる。生理用品のタンポンの筒などの容器に、脱出用道具を入れて直腸内に挿入するのだ。直腸以外では、鼻の穴、耳、口、ヘソ、男性なら男性器の包皮、女性なら膣も隠し場所となる。

　ポリ袋に入れた道具を飲み込んで、必要なときに吐き出すという方法もある。胃のなかを隠し場所にするのだ。ただし、これを実践するには相当な練習を必要とする。

## 体内への隠匿

### 敵が見抜けないスパイのハイパー隠匿テク

所持品を隠す場所は洋服やバッグのなかだけとは限らない。
スパイは自分の体のなかにも隠す場所を用意している。

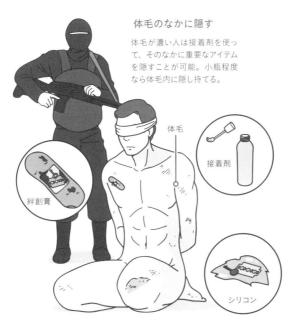

#### 体毛のなかに隠す

体毛が濃い人は接着剤を使って、そのなかに重要なアイテムを隠すことが可能。小瓶程度なら体毛内に隠し持てる。

体毛

接着剤

絆創膏

#### 脱出道具を体に隠す

身柄を拘束され、一切の所持品を奪われたとしてもスパイは体に脱出道具を隠し持つ。絆創膏の裏や体毛、偽の傷跡など、たとえ丸裸にされても分からない場所に隠しているのである。

#### 偽の傷跡に隠す

シリコン製の偽の傷跡はポケット状になっていて、そのなかにいろいろな所持品を隠せる。敵側にしてみれば、傷跡は気持ち悪いので念入りには調べられない。

シリコン

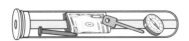

#### タンポン型の容器

コンパスや現金、釘など、タンポン型の容器を体内に入れて隠すこともまる。耳や口、鼻の穴や尻の穴など、人体には隠し場所が多数あるのだ。

#### カミソリの刃や釘は武器になる

体に隠し持ったカミソリの刃や釘。これらは武器として反撃時に有効だ。敵は相手が丸腰だと思い込んで油断しているため、隙をついて仕留められる可能性が高い。

135

# 逃走ルートに乗り換え用の
# クルマを用意しておく

| 該当する年代 | 20世紀初頭 | 20世紀中頃 | 20世紀終盤 | 21世紀以降 |
|---|---|---|---|---|

| 該当する組織 | CIA | KGB | SIS | 特殊部隊 | その他の情報機関 |
|---|---|---|---|---|---|

## ◎ 綿密な調査で時間をかけて脱出のための道を選定する

万が一の事態に備えるのが、優秀なスパイの条件である。何らかのトラブルが発生した場合のために、スパイは事前に逃走ルートを確保している。

想定しておく逃走ルートはひとつだけではない。そのルートが使えなくなったときのために、予備の代替ルートも決めておく。主要ルートから代替ルートに切り替える中継ルートも想定済みだ。

これらのルートは目撃されにくく目立たないことが条件。検問所はもちろんのこと、待ち伏せされそうなポイントなどの危険地帯は避ける。交通渋滞が起こりやすいルートも避けなければならない。自分が今どこにいるかを把握するためのランドマークなども知っておきたいところだ。

ルートだけではなく、休憩ポイントも事前に決めてある。基本的に目立た

ないように夜間に移動するので、日中に休むための隠れ家を確保しておくのだ。また、敵の数が多く逃げ切れない場合、隠れ家に潜伏して状況が落ち着くのを待つこともできる。

移動中に必要となる食料や水も、あらかじめ量を算出して調達し、逃走ルート沿いに隠す。

食料と水だけではなく、乗り換え用の車両もマスト。同じ車両で逃げ続けるより、クルマを替えたほうが敵から目を逃れやすいからだ。

このようにスパイは逃走計画を綿密に立てるため、逃走ルートの決定には数週間から数カ月の期間を要する。安全な地帯と危険な地帯を見極めなければならないので、その地域のことを詳しく知る必要もあるからだ。

GPS装置は逃走を手助けしてくれる重要アイテム。パスワードで保護されたGPS装置に逃走ルートの情報を入力することで、より確実にルートを走り抜けることができるのだ。

## 逃走術

### 逃走するための超絶テクニックの数々

ミッションを成功させてから、無事に逃げ切るまでがスパイの仕事。逃走するための準備にも余念がない。

自衛

潜身術

サバイバル

脱出

**入念な下調べ**

作戦によっては実行後に逃走をはからなければいけないこともある。作戦前に逃走ルートを入念に調べておけば、いざ実行となったときも落ちついて逃げられる。

乗り換え用のクルマ

乗り捨てるクルマ

**乗り換え用のクルマを用意**

同じクルマで逃げていると、たとえ敵を振り切ったとしても再び見つかってしまう可能性が高くなる。逃走用のクルマを別に用意することで、そのリスクを避けられる。

食料

**予め食料を隠す**

逃走ルートに水や食料を隠しておくことも。人気のいない林のなかなど、誰にも見つからないような場所に隠すのが基本である。

**隠れ家を用意する**

敵の数が多く、簡単に逃げ切れない場合は隠れ家を用意する。隠れ家に1カ月ほど潜伏すればほとぼりが冷め、かなり逃げやすい状況になる。

# スパイの変装は
# 色合いや小物を変えるだけ

| 該当する年代 ▷ | 20世紀初頭 | 20世紀中頃 | 20世紀終盤 | 21世紀以降 |
| --- | --- | --- | --- | --- |

| 該当する組織 ▷ | CIA | KGB | SIS | 特殊部隊 | その他の情報機関 |
| --- | --- | --- | --- | --- | --- |

## ◎ 映画で描かれるような
## 変装よりも簡単で効果的

　手の込んだ変装で、まったくの他人のふりをしたスパイが敵の追跡から逃れて見事に脱出する。そんな痛快な場面をスパイ映画で見たことがあるだろう。映画同様、現実のスパイも変装する。ただし、カツラをかぶったり、誰かの顔をしたマスクをつけたりして他人になりすますということはない。そうした技術がないのではなく、そこまでする必要がないのだ。

　スパイの監視・尾行などをしている敵が注目しているのは、じつはスパイの顔やヘアスタイルではない。敵が意識しているのは、そうした人物の細かな特徴ではなく、服の色などの大まかな印象なのだ。追跡を続けるなかで、敵はスパイその人というよりも、身につけている服の色を目で追うようになる。つまり、無意識のうちにターゲットを色の塊として認識するようになっ

ているのだ。そういった状態だからこそ、スパイは服の色を変えるだけで、容易に敵の目を眩ませられるというわけだ。

　たとえば、尾行されているスパイが帽子をかぶり、黒の上着を着ていたとする。彼がトイレに入り、一瞬で白の上着に着替えて、帽子を脱いで出てくる。ただ、これだけのことなのに敵はスパイを見逃すことになるだろう。なぜなら、尾行を続けるなかで敵はスパイを「黒い色の塊」として認識するようになっているからである。

　まるで他人の顔のような精巧なマスクを丁寧に時間をかけて着用するよりも、素早く簡単に大まかな見た目の印象を変えるほうが相手の目をかいくぐれる可能性が高いのだ。

　「逃走用バッグ」には今着ている服とはまったく色合いの違う服が入れてあるのだが（※P128）、これも相手の目を欺くための作戦である。単純だが効果は絶大なのだ。

## 変装術

### ちょっとした変化だが効果は絶大！

逃げるときも追うときも変装というひと手間を加えることで
成功率は上がる。スパイはそのことを熟知しているのだ。

**公衆トイレ**

公衆トイレの個室は着替える場所にうってつ
け。駅の近くには必ずあるので、見つけやす
いという利点もある。

**試着室**

洋服売り場にある試着室も個室なので、着替
えるにはもってこいの場所。時間をかけずス
マートに着替えるのがスパイの作法である。

色を変える

**服の色を変える**

人は顔よりも服の色で認識する傾向がある。
違う色の上着に替えただけでも印象がガラリ
と変わる。

小物を変える

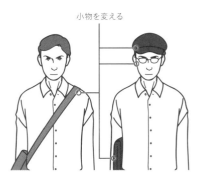

**小物を変える**

服を着替える時間がない場合は、帽子やメガ
ネ、バッグといった小物をつけ足したり替え
たりする。

# LEDライトをレンズに当てて
# 監視カメラを欺く

| 該当する年代 | 20世紀初頭 | 20世紀中頃 | 20世紀終盤 | 21世紀以降 |
|---|---|---|---|---|

| 該当する組織 | CIA | KGB | SIS | 特殊部隊 | その他の情報機関 |
|---|---|---|---|---|---|

## ◎ 最新のテクノロジーを 出し抜くスパイの裏ワザ

自分の存在を潜入先の国に知られたくないスパイにとって防犯カメラは注意すべき存在である。とはいえ、カメラの視線から逃れるためにスパイ映画のような大がかりな変装をするのは時間やコストがかかり過ぎる。さりげなく帽子をかぶってやり過ごすほうが、スピーディーでコストもかからない。

また、建物内でどうしても監視カメラの前を通過しないといけない場合に使えるテクニックとしては、ライトを利用するものがある。懐中電灯やLEDライトの光を直接カメラに向けると、カメラの自動露出機能が反応し、映像の質が下がり、人相を判別しづらくなる。人工の光以外では太陽光を背にして行動するのも有効だ。

カミソリの刃を利用してカメラを断線させる方法もある。カメラのケーブルにカミソリの刃を入れて中心の伝導帯に達したところで刃を止めるとモニターの映像が乱れる。カミソリの刃を取り除くと映像が元の状態に戻るので、監視者はカメラの調子が少し悪くなっただけとしか思わない。

防犯カメラなどが捉えた画像によって人を自動的に識別する顔認証システムもスパイにとって脅威となる。顔認証ソフトの仕組みは目、鼻、口などの位置や大きさなどで照合を行って人物を特定するというもの。対応策としては、サングラスやマスク、髪などで覆ったり、帽子をかぶったりして顔のパーツを認識されないようにするしかない。ちなみに顔を思いっきり歪ませると顔認証ソフトは作動しないが、カメラの向こう側で人間がチェックしていたら怪しまれること必至。やるにはリスクが高い。

最新テクノロジーを出し抜く方法は、至ってシンプル。とはいえソフトウェアの進歩につれて、今後はこのようなやり方も通じなくなるだろう。

## カメラを欺く

### ハイテク機器であってもスパイは追えない！

デジタル社会では至るところに監視カメラが設置されている。その欺き方とは？

### カメラに顔を向けない

潜入先の国ではすでに顔写真が登録されている可能性がある。そういった場合、スパイは不用意にカメラに顔を向けたりせず、帽子を深めにかぶり通り過ぎる。

### 変装する

メガネやマスクで顔のパーツを覆い隠す。スパイ映画のように変装マスクで別人になりすます必要はない。

### 光で顔を隠す

カメラに向けてライトを照らせば露出が安定せずに顔認証機能が作動しない。明るい光を放つライトのほうが高い効果を期待できる。

### 断線させる

カミソリの刃をカメラのケーブルに差し込むと映像が乱れる。一気には差し込めないので小刻みに動かしながらねじ込むのがポイントである。

# 室内にバットやゴルフクラブを
# 用意して襲撃に備える

## ⊙ 自宅の訪問者には
## 身分証の提示を要求

　敵から狙われることもあるスパイは、帰宅したときでも安心できない。自宅に戻れば滞在時間が必然的に長くなるし、くつろぐ場所としてつい気が緩んでしまう。敵からすれば、自宅に戻ったときこそがスパイを狙う最大のチャンスといっても過言ではない。

　そこでスパイは数々の自衛策を取るのだが、一番重要なのは、侵入を許さないことである。家のドアに鍵をかけるのは当然のことながら、センサー作動式の監視カメラを設置して周囲の動きを記録しておく。さらに、大声で吠える獰猛な犬を飼えば、侵入者としては非常にやりづらい。

　また、自宅に戻ったときを見計らってスナイパーが命を狙ってくるかもしれない。そのための自衛策として有効なのが、すべての窓に遮光カーテンを取り付けることである。遮光カーテン越しではなかの様子が分からないので、外からの狙撃を未然に防ぐことができるというわけだ。

　もちろん訪問者にも気をつけなければならない。電気や水道メーターの検針員や、荷物の配達員を装って命を狙う者がいる可能性があるからだ。玄関モニター越しで必ず身分証の提示を求め、身分が確認できたとしてもそれが本物かどうか分かるまでは鍵は開けてもドアチェーンは外さない。つねに警戒心を緩めないことが最大の自衛策なのである。

　ただ、どれだけ自衛策を施しても敵が強引に侵入してくる場合もある。その際、殺傷力の高いピストルを持っていれば心強いが、所持できない状況もあるだろう。そんなときのために、多くのスパイは撃退ツールとして野球のバットやゴルフクラブを部屋に置いておく。侵入者と素手で応戦するよりも武器があれば戦況が有利になるというわけである。

# 自宅の自衛策

## スパイは自宅の安全対策も怠らない

重要な情報を握っているスパイは逆に敵から狙われることもある。そのため、自宅に戻っても気を緩めることはない。

**獰猛な犬を飼う**

大きな声で吠える犬を飼うことで、侵入者を寄せつけなくする。1匹だけでなく2匹以上飼えば、抑止効果はさらに高まる。

遮光カーテン

**遮光カーテン**

普通のカーテンの場合、影が透けて狙撃の対象になってしまう。遮光カーテンであればその心配はなくなる。

**身分証の提示を要求する**

侵入者が配達員やメーターの検針員になりすます場合がある。そのリスクを回避するため、訪問者には必ず身分証を提示させる。

ゴルフクラブ

バット

**室内に武器を備える**

侵入者が現れた際、応戦できるようにバットやゴルフクラブ、バール、レンチなど武器になるものを手近に置いておく。

# 郵便受けやクルマには爆弾が仕掛けられているので要注意

| 該当する年代 ▷ | 20世紀初頭 | 20世紀中頃 | 20世紀終盤 | 21世紀以降 |
| --- | --- | --- | --- | --- |

| 該当する組織 ▷ | CIA | KGB | SIS | 特殊部隊 | その他の情報機関 |
| --- | --- | --- | --- | --- | --- |

## ◎ 庭、郵便受け、クルマなど 家の敷地内も十分に警戒せよ

スパイの自宅が敵にバレてしまい、外の郵便受けを開けたところでなかに仕掛けられた爆弾が爆発して殺されてしまう……そんな展開をスパイ映画で見たことはないだろうか？ 庭や門の周辺にあるものは外にあるため室内よりも敵が手を加えやすい。ある意味、室内以上に安全対策に気を使うべきともいえるだろう。

まず、高いフェンスや堀で自宅の敷地内に忍び込むのを難しくすることが大事だ。庭に番犬がいれば、侵入者を察知してくれる。

安全対策のひとつとして、夜間でもつねに敷地内を照明で照らしておくという手もある。そうしておけば夜陰に乗じて接近し、トラップを仕掛けることが難しくなる。また、自動的に点灯する非常灯も設置するべきだろう。

郵便受けに自宅の番地や自分の名前を書かないというのも重要。土地勘のない敵が簡単にこちらの自宅の場所を突き止めてしまわないようにするのだ。

届いた郵便物に関しては、「差出人が知っている人か？」「便せん２枚よりも厚くないか？」「なかに何かの塊や硬い物体が入っていないか？」など、不審な点がないか確認する。もし異常を感じたら、ワイヤーを封筒に押しこみ、端から端へ通す。離れた場所からワイヤーを引っぱり底を切り開いてみる。爆弾を仕掛けた手紙爆弾は封筒の上部を開いたり中身を動かしたりすると爆発するタイプが多いので、用心を怠ってはならない。

クルマも敵にとっては爆弾を仕掛ける格好のターゲットだ。乗る前にボンネット、車の下、座席の下、窓、ドアなどをチェックし、何者かがいじった痕跡がないかをチェック。運転席の近くは爆弾を置かれることが多いので、運転席周辺はより念入りにチェックしておきたい。

## 庭先の自衛策

### 敷地内であっても決して気を抜かない

つねに誰かに狙われる可能性を持っているスパイ。室内はもちろんのこと、庭先にも細心の注意を払っている。

**クルマを確認する**

クルマに爆発物はないか確認する。時限式やエンジンをかけると爆発するものがあるので、発見したら不用意に近づかない。

**郵便物を確認する**

手紙のなかに爆弾が入っているかもしれないので十分に注意を払う。極端に重く、差出人が不明の手紙は開封しない。

**表札はつけない**

表札は住所や氏名などの個人情報をさらしているようなもの。表札はつけても、偽名がデフォルトだ。

**家の周囲を明るくする**

侵入者は暗がりが広がる深夜に訪れることが多い。家の周囲を明るくすることで死角をなくし、侵入のリスクを減らすことができる。

# 急所狙いの短期決戦型が
# スパイの格闘術

| 該当する年代 ▷ | 20世紀初頭 | 20世紀中頃 | 20世紀終盤 | 21世紀以降 |
| --- | --- | --- | --- | --- |

| 該当する組織 ▷ | CIA | KGB | SIS | 特殊部隊 | その他の情報機関 |
| --- | --- | --- | --- | --- | --- |

## 反則ワザもOK！
## 逃げるための格闘術

銃などの武器を持っていないときに襲われた場合、スパイはどのように自分の身を守るのだろうか？

まず、要求されるのは落ち着いた心構えだ。あせらずに自分の体勢を整えて周囲を観察する。相手は何人か、どういう人物かなどを確かめながら、逃げ道も探す。どうしても逃げられない場合にはじめて戦うのである。

心構えの次に、格闘に備えての構えも重要となる。戦闘スキルは体のバランスが重要で、基本的な構えの姿勢をとることで体を戦闘モードに切り替えることができる。ガチガチに硬くならず、リラックスして構えるのがポイントだ。

相手に攻撃を加える際には、目、耳、鼻、喉、みぞおち、睾丸、膝関節など格闘技の試合では反則になる急所も積極的に攻めなければいけない。

アクション映画のように延々と続く攻防は行わず、正確な一撃、または短い一連の動きで攻撃を終わらせる。たとえば、相手の髪を引いてのけぞらせて、喉を拳で打つ。

相手を攻撃する際に使えるのは握り拳だけではない。手のひらや肘、膝も武器になる。両方の手のひらで相手の両耳を同時に打ったり、拳の代わりに手のひらで打撃を入れるのも効果的だ。肘や膝は硬く、力も入れやすいので、パンチやキック以上に相手にダメージを与えられる。

格闘技で多用されるキックは、特別な訓練を受けていない場合、バランスを崩してしまう危険性があるので、蹴るなら相手の腰から下を攻める。膝関節を攻めるのは特に効果的だ。

格闘技や通常のケンカでは使われない噛みつきもスパイの武器である。耳や鼻が効果的だが、噛めるところならどこでも構わない。殺し合いにルールや規則はないのである。

## 護身の基礎

### 戦うときは急所を狙う！

敵と対峙するときは、落ち着いて状況を把握し体勢を整える。強烈な一撃を練習しておく必要がある。

### 基本の構え

①体を半身に構えて、敵を見る。

②両肘を曲げて脇をしめる。両手を上へ向け、利き手を前に、片手を顔の下へ出す。

③足を肩幅に開き、両膝を軽く曲げる。

敵と対峙したとき、わずかにジャンプして構えの姿勢を取る。足は肩幅に開き、片足を前に出し両ひじを曲げて脇をしめる。相手と戦うには体のバランスがとれていることが重要だ。

### 身体の弱点

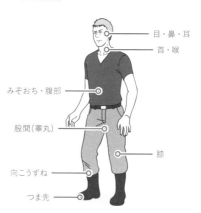

目・鼻・耳

首・喉

みぞおち・腹部

股間（睾丸）

膝

向こうずね

つま先

顔は鼻や耳は殴ったり噛んだりする格好の的になる。心臓へのパンチや股間への蹴りは破壊的な効果がある。後方からつかまれた場合は向こうずねをかかとで蹴るのも効果抜群。

### 決め手となる一撃

相手の髪の毛をつかみ仰向けにさせ、喉に強い一撃を与える。相手に髪の毛がない場合、手をかぎ爪のようにして鼻や目をつかみ、頭をそらせる。

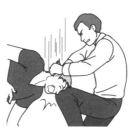

### 膝の攻撃

相手の頭をつかみ、顔面に膝にぶつけると強力な攻撃に。

### 耳を噛む

相手の耳に噛みついたり、噛みちぎると強烈な痛みを与えることができる。

# ナイフで襲ってくる相手には
# イスや傘で応戦する

| 該当する年代 ▷ | 20世紀初頭 | 20世紀中頃 | 20世紀終盤 | 21世紀以降 |
|---|---|---|---|---|

| 該当する組織 ▷ | CIA | KGB | SIS | 特殊部隊 | その他の情報機関 |
|---|---|---|---|---|---|

## その場にあるものを利用して刃物の攻撃を防いで反撃！

何者かとの格闘において、こちらが素手なのに相手はナイフを持っているというシチュエーションもあり得る。

相手がカッとなって、思わずその場にあったナイフをつかんだだけなら、説得すればいい。だが、相手がおどしではなく本当にナイフを使うつもりなら、戦わなければならない。

武器を持った相手と戦う場合は、距離が重要となる。相手の攻撃に対応できる間合いをとり、切りつけてきたら離れるようにする。そしてナイフの攻撃を遮るものを探す。イスなどがあればそれを使って、相手の攻撃を防ぐようにする。ただし、あまりに重いイスだと相手の動きに対応できず、むしろ逆効果になってしまう。

ナイフの攻撃を遮るために使えるのが、ジャケットやコートなどの上着だ。上着を手のひらから肘のあたりまでが隠れるように片手に巻きつけることで、素手では不可能な防御ができるようになるのだ。

相手の突きに対しては、上着を巻いた方の腕で対応する。その場にある棒、ほうき、傘などがあれば、上着を巻いていないほうの手に持ってナイフの攻撃を受け流すようにする。棒状のものがない場合、適当な厚さの雑誌を丸めて使ってもいいだろう。

このようにして相手のナイフの攻撃を受け流していると、相手は上半身の攻防に注意が向くようになり、下半身への意識が希薄になる。そこを狙って、相手の膝から下を蹴って攻撃する。身体の弱い部分である膝関節や向こうずねを蹴りつければ相手は大きなダメージを受け隙ができる。相手との距離が近くなっているようなら、つま先を思いっきり踏みつけてしまえばいい。

とはいえ、ナイフ攻撃はその人のスキルで威力が変わる。戦うよりも逃げることを優先させたい。

## ナイフからの防衛術

### ナイフを向けられて逃げられない場合

ナイフを向けられたら、走って逃げるのが一番好ましい。しかしそうできない場合は、スパイは次のことを実行する。

自衛

護身術

サバイバル

脱出

**ナイフから遠ざかる**
相手が切りつけてきたら、まずは遠ざかる。衝突をさけて逃げることも大切だ。

**膝から下を狙って蹴る**
相手の膝下を蹴る。膝下は身体の弱点でもあり、大きなダメージを与えることができる。

**片腕にコートやジャケットを巻きつける**
腕にコートなどを巻きつけることで腕を保護し、相手がナイフで突いてきたらその腕で受け止める。

**イスなどで攻撃を遮る**
身の回りにあるもので、攻撃を遮るように前に突き出し、相手との距離を保つ。

**傘で攻撃を受け流す**
傘やほうき、棒などを使って、相手からの攻撃を受け流す。

149

# 銃を向けられても相手の手を
# ねじ曲げて華麗に奪い取る

| 該当する 年代 | 20世紀 初頭 | 20世紀 中頃 | 20世紀 終盤 | 21世紀 以降 |
|---|---|---|---|---|

| 該当する 組織 | CIA | KGB | SIS | 特殊 部隊 | その他の 情報機関 |
|---|---|---|---|---|---|

## ◎ 敵の銃口の向きが、
## 正面か背面かで違う銃の奪い方

前ページではナイフを持った相手に対する自衛の技術を解説したが、時としてスパイは銃を持った相手に狙われることもある。

もし相手が金や物が目当てのただの強盗なら、望む物を渡してやり過ごせばいいだろう。これまでも説明したとおり、できるだけ戦いを避けて、逃げられない場合にのみ戦うのがスパイの流儀なのである。

だが、相手がおどしではなく本気で発砲するつもりだったり、こちらを拉致するつもりだったりするなら、たとえ武器を持っていない状況だったとしても反撃しなければならない。

相手に銃を突きつけられた場合にスパイが取る防衛のテクニックとしては、以下のようなものがある。

背後から銃を突きつけられた場合は、両手を挙げて相手を油断させながら背中で銃を押し返す。こうすることでセミオートマチックの銃なら、銃の作動を防ぐことができる。さらに軸足を中心に素早く振り返り、相手の銃を持つ手を脇に挟んで固定。もう片方の手で相手を殴って銃を奪うのだ。ひじを曲げて、敵の顎を下から突き上げるように殴り掛かると効果的だ。

敵と正対し至近距離から銃を向けられた場合、銃弾から外れるよう左右どちらかの軸足を中心として身体を素早く回転させる。こうすることで相手の銃弾の道から外れて、万が一相手が銃を撃っても直撃は避けられる。

次に相手の銃を持っている手を両手でしっかりとつかみ、手ごとねじって銃口を敵に向ける。そのまま銃身を外側に向けて横に倒せば、相手は手首がねじれて銃を持っていられなくなる。

銃を奪ったら、背後に下がって相手との距離を置く。銃が使える状態かどうか、すぐさま確認した上で、銃を構えていつでも撃てる状態を保つ。

## 銃からの防衛術

### 捕まる前に相手から銃を奪う方法

おとなしく言いなりになると危ない場合、時としてスパイは
戦うことがある。相手が引き金を引く前に武器を奪うのだ。

---

### 背中を狙われたとき

敵スパイや犯罪者の多くは、相手の背
後から忍び寄り、不意打ちを狙ってくる
ことが多い。とっさの判断で相手から
銃をもぎ取れなければ、待っているの
は"死"だ。

①敵が右利きか左利きかを判
　断。両手を挙げてうしろへ下
　がり、背中で銃を押し返す。

②相手が右利きの場合、左
　足を軸に敵の正面へ体を
　向け、左腕を下げる。そ
　のとき相手の持つ銃の腕
　を左脇に挟み込む。

③銃を脇でしっかりと挟み込
　み動けなくさせ、敵を殴る。
　そして銃を奪い取る。

### 胸を狙われたとき

相手がいきなり現れて至近距離から銃
を向けられた場合でも、武器を奪う方
法はある。この場合、相手より素早く
動き出すことでスムーズに銃を奪うこと
ができる。

①体を銃弾からはずれるよう
　に回転させ、両手で相手の
　銃をつかむ。銃口を相手に
　向ける。

②銃口を外側に向けて横に倒
　す。て首を捻りながら敵を
　引き寄せる。

③銃を奪い取る。

# ライターや自転車、ベルトも自分を守る武器になる

| 該当する年代 ▷ | 20世紀初頭 | 20世紀中頃 | 20世紀終盤 | 21世紀以降 |
| --- | --- | --- | --- | --- |

| 該当する組織 ▷ | CIA | KGB | SIS | 特殊部隊 | その他の情報機関 |
| --- | --- | --- | --- | --- | --- |

## ◎ 日用品、衣服、家具など身近なもので相手を攻撃

武器を持っていないときに襲撃された際、スパイは手近にあるものを武器に変える。

たとえば、ペンは胸ポケットに挿していても不審に思われないが、尖っているため強力な武器になる。ナイフのように持って、相手の首、手首、こめかみなどを狙うのだ。

ベルトも金属製のバックルのものなら武器になる。外してムチのように振り、バックルで相手を打ちのめすのだ。ベルトは細くしなるので、敵に握られる心配がない。

靴も頑丈であれば、キックの威力を増してくれる。膝関節やすねなどの弱点を狙うと、さらに大きなダメージを与えられる。

フィクションではチンピラが瓶を叩き割って凶器として使う描写があるが、そんなことはせずに首のほうを持って棍棒のように使って相手の頭やこめかみを攻撃するだけで十分だ。

相手がナイフなどの武器を持っているときはイスが有効な武器となる。座る部分が盾になり、脚の部分が相手を突く武器となる。

新聞や雑誌なども丸めれば、ナイフを受け流せる。丸めて棒状にした状態の先で相手を突くとよい。

財布のなかのコインも武器になる。拳のなかに握ればパンチの威力が増す。ハンカチなどの布に包んで振れば、打撃用の武器にもなる。

バーやレストランで襲われた際は灰皿を使おう。なかの吸い殻や灰を相手に投げつけ、灰皿自体もぶつける。バーにビリヤード台があるなら、キュー（突き棒）を使えばいいだろう。

自宅のキッチンで襲われた際は、鍋の中の熱湯、熱いコーヒーなどを相手に浴びせればいい。ライターの火も武器として使える。相手に火を当てれば痛みで手が離れ、拘束から逃れられる。

## 武器になる道具

### 自己防衛するための日用品の使い方

どんな状況でも身の回りのものを武器にする冷静さが必要とされる。

**雑誌や新聞紙**

雑誌や新聞は丸めて棒状にすれば固くなる。相手を突いたり、頭を叩きつけるほかに、ナイフ攻撃をかわす防具にもなる。

**ペン**

ペン先で相手の頭を突き刺したり、ペン先を上にして握れば、喉や膝に一撃を与えることができる。

**自転車**

自転車は持ち上げて盾のように用いることができる。また、相手との間に置いて距離を離すことができる。

**ベルト**

バックルのついたベルトは武器になる。ベルトを手に巻きつけて、鞭を打つように相手の顔や首などを攻撃する。

**ライター**

拘束された場合、ライターを取り出し炎を相手に当てる。痛みで手が離れ、相手の拘束から逃れられる。

### Column

#### 走りやすく頑丈なスパイの靴

スパイは蹴りでダメージを与えるため、頑丈な作りの靴を履いている。スパイは危険地域に入るときほど靴を慎重に選ぶという。

# 新聞紙でも丸めて強度を
# 高めれば身を守る盾となる

| 該当する年代 ▷ | 20世紀初頭 | 20世紀中頃 | 20世紀終盤 | 21世紀以降 | 該当する組織 ▷ | CIA | KGB | SIS | 特殊部隊 | その他の情報機関 |
|---|---|---|---|---|---|---|---|---|---|---|

## ◎ 簡単なひと手間を施せば 強力な武器を作り出せる

前ページで紹介したのは、身近なものをそのまま武器として使用する技術だったが、本来は武器でないものを加工して即席の凶器を作り上げる知識もスパイは持っている。

新聞は持ち歩いても不自然ではないものの代表例だが、この新聞と粘着テープと釘で強力な打撃用武器が作れる。重量を増すために濡らした新聞を固く丸めてから折る。外に先端が突き出るように釘を新聞に突き刺し、粘着テープで巻いて新聞を固定すれば完成である。

折りたたみ傘も少し加工するだけで凶器になる。折りたたんだ状態の傘のなかに2～3本のスパナを入れて、結束バンドで固定するだけ。この状態の折りたたみ傘を棍棒のように使うのだ。一見するとただの折りたたみ傘にしか見えないので、攻撃された相手は油断するが、実打撃のダメージは相当なものとなる。

釣り銭用の硬貨を、セロハンで棒状に包んだロールは、拳のなかに握るだけでパンチ力が上昇する。さらに、靴下に入れて振り回せば、遠心力も味方につけられる。布や革の袋に砂やコインなどを詰めた殴打用の武器を"ブラックジャック"と呼ぶが、この硬貨のロールと靴下で作る武器は即席ブラックジャックと呼べそうだ。

釣りに使う重りをバンダナに包んでもブラックジャックのような殴打用武器が作れる。ココナツを砕くほどの威力が得られる上、釣りの重りとバンダナなら持ち歩いても「変わった人だな」くらいにしか思われないというメリットがある。

鎖と南京錠があれば、忍者が使うような分銅鎖も作れる。鎖が長すぎると敵に反撃をする隙を与えてしまい使いづらいので、前腕ぐらいの長さにするのがポイントだ。

## 武器の作り方

### 安価で簡単に作れる即席の武器

持っていても疑われない道具を組み合わせて、威力抜群の武器を作ることができる。

**棍棒**

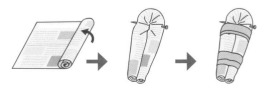

新聞紙を筒状に丸めるだけで頑丈な「棍棒」になる。新聞紙を濡らすことで、重量が増え威力が大きくなる。

①新聞紙を濡らし、丸めて筒状にする。

②丸めた新聞紙を半分に折り、折り目近くに釘を刺す。

③最後に粘着テープで巻けば完成。

**折りたたみ傘**

折りたたみ傘にスパナを入れて鉛のパイプにした武器。かなり重く、持ち運びに不便だ。

①折りたたみ傘を用意する。

②傘の内側にスパナを見えななるまで差し込む。

③傘とスパナを結束バンドで縛れば完成となる。

**分銅鎖**

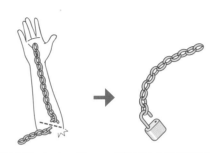

鎖と南京錠で作った分銅鎖。鎖を振り回して攻撃すれば、相手の骨を砕くほどの威力がある。

①鎖を専用のカッターで腕の長さに切る。長すぎると動きが遅くなる。

②鎖の片方の端に南京錠を付けて完成。

# 犬に襲われたときはわざと
# 噛みつかれて隙を作る

| 該当する年代 ▷ | 20世紀初頭 | 20世紀中頃 | 20世紀終盤 | 21世紀以降 | 該当する組織 ▷ | CIA | KGB | SIS | 特殊部隊 | その他の情報機関 |
|---|---|---|---|---|---|---|---|---|---|---|

## ◎ 番犬や追跡犬という 厄介な存在との戦い方

　侵入しようとする施設に番犬がいる場合、犬の動きを封じないといけない。殺してしまうのもひとつの手段だが、侵入の証拠を残したくない場合は、犬の気をそらすか、一時的に動けなくする必要がある。

　そのための道具としては、犬が嫌がる臭いを出す犬よけスプレーのほか、電子機器のほこりを飛ばすエアーダスターも使える。圧縮空気が入った缶を逆さにして犬に向けて噴射すると液化ガスが噴き出す。犬の鼻は瞬時に凍りつき、戦闘不能に陥ることだろう。番犬が雄なら雌の尿も有効。尿を犬の顔や侵入地点から離れた場所にかければ、犬はその臭いが気になりこちらに構わなくなる。

　犬は追跡者としても優秀だが、追われた場合はあえて川や水たまりを通る。人間の100万倍以上ある犬の嗅覚を欺くためにだ。乾燥していたり、風が強い場所も臭いが残りにくくてよい。臭いが犬のほうに流れていかないように風下に向かって走る手もある。

　敵国のスパイが軍用犬と一緒に追ってくるなら、軍用犬に指示を与える人間を戦闘不能にさせるのが上策。飼い主が動かなくなれば、犬も動かなくなるからだ。

　犬が間近に迫ってきた場合は、追いつかれる直前に木の陰や障害物に隠れる。急な方向転換によって向きを変えようとした犬が速度を落としたところを見計らって反撃に転じる。

　追いつかれたときは、適当な棒、またはタオルや服を巻いた腕を差し出して、わざと噛みつかせてから攻撃をする。犬の胸をナイフで刺したり、鈍器などで頭を殴って致命傷を与える。なお、犬を殺してしまうと痕跡を残してしまい、飼い主であるスパイからの報復が待っているので、殺害は最終手段にしたほうがいいだろう。

## 犬対策①

### 道具を使って犬の動きを封じ込める

番犬を殺してしまうと侵入した痕跡になってしまう。そのため一時的に動けなくするやり方をスパイは用いる。

犬の対処法

**犬よけスプレー**

アンモニアと水を1：1で合わせた溶液を犬の顔に吹きつける。犬が嫌がる臭いをかけることで犬から逃げることができる。

**圧縮空気**

風船やタイヤなどを膨らませるときに使う圧縮空気の缶スプレーを逆さにして噴出すると、犬の鼻が凍り逃げ出していく。

**雌の尿をかける**

番犬が雄の場合、雌犬の尿を犬の顔面か、侵入地点から離れた場所にかける。すると犬は本能に逆らえず、侵入者の対応どころではなくなる。

### Column

**忍者も苦しんだ"犬対策"**

忍者にとって一番厄介な存在は犬だったという。毒まんじゅうで殺してしまうほかに、潜入前に犬を懐かせるよう通いつめたり、異性の犬を連れていくなどして、さまざまな対策を取ったといわれている。

# 犬に追跡されたら、とにかく逃げるのが正解

犬に追跡された場合、「三十六計、逃げるにしかず」。犬の本能や飼い主の心理を利用し追っ手をまくのだ。

## 犬から逃れる方法

**高さのある段差を飛び降りる**

犬は古来より高さのない場所を生活圏にしていたため、一般的に飛び降りることが苦手。ちょっとした崖があれば飛び降りるか、登って犬から逃れる。

**川を泳ぐ**

川のなかに入るだけでも犬を戸惑わせる効果がある。川の流れに恐怖を感じてしまう犬もいるため、近くに川があれば泳いで逃げたほうがよい。

**集団の場合、ばらばらに逃げる**

ターゲットが多いと、すぐに対応できず戸惑ってしまうのは犬も同じ。集団でいる場合は、別行動になり散らばるのが効果的。

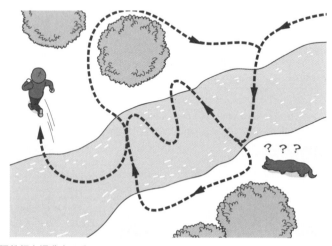

**調教師を混乱させる**

スパイを取り締まる調教師に飼いならされた犬に追跡された場合、人間をだますのが一番手っ取り早い。川を渡ったり、複雑なルートを歩き回ったりすれば、調教師は犬がスパイを見失ったと考えて、犬を呼び戻す。

## 犬にわざと噛みつかれて隙を作る

犬対策③

犬に襲われたら、殺すか殺されるかになる。逃げられない
場合、わざと噛みつかれて犬に狙いを定め攻撃する。

犬に攻撃された場合①

まずは腕をコートなどの服で巻き、わざと犬
に噛みつかれるようにする。その隙に胸を刺
したり、棒や石などで殴りつける。武器を持っ
ていない場合は大声を上げながら両腕を前に
突き出して犬に突進。突然の予期せぬ行動に
犬は恐怖を感じるもの。

犬に襲われた場合、飛びかかってくる勢いをそぐように動く。木などの
障害物の横に立ち、犬が1mくらいの距離に近づいたら、瞬時に木の
陰に隠れる。犬が向きを変えるために速度を落とすので、その瞬間を
利用して犬の攻撃を弱める。

①木の横に立つ。　　　　　　　②犬が近づいたら木の陰に隠れる。

# 毛布がないときは
# 木の葉をたくさん集めて寝る

| 該当する年代 ▷ | 20世紀初頭 | 20世紀中頃 | 20世紀終盤 | 21世紀以降 | 該当する組織 ▷ | CIA | KGB | SIS | 特殊部隊 | その他の情報機関 |
|---|---|---|---|---|---|---|---|---|---|---|

## ◎ 野外での任務中に敵から身を隠しつつ体力を回復

野外での任務遂行中、休息を取るために使用するのが「シェルター」だ。日本語だと「避難所」という意味だが、サバイバル活動においては雨風などを遮って、体力や精神力の消耗を防ぐための場所のことを指す。そしてスパイにとっては、追跡者の目から逃れるため身を隠すのもシェルターの重要な役割となる。つまり、適切なシェルターを設置できなければ体力を消耗してしまい、敵に発見されてしまう危険性もあるのだ。

シェルターを作る簡単な方法としては、テントを利用するものがある。ポイントは、なかの温度を保つために入り口を風下に向けること。入り口を風上に向けたら、冷空気がなかに吹き込んでくるからだ。

テントがない場合は、木の枝、金属のパイプ、パラシュート、ポンチョ、防水シートなどを使って即席のテントを作る。また、毛布などの防寒シートがない場合、必ず床に木の葉や草などを敷きつめる。横になったとき冷たい地面に寝そべってしまうと体の熱が奪い取られてしまうからだ。

洞窟も雨風を防げるので、シェルターとして使える。シェルター作りの労力を省けるメリットはあるが、いざというときの逃走経路も考えておかないといけない。出入り口がひとつしかない場合は、シェルターとしての利用は避けたほうがいいだろう。

テントを使うにせよ、自然の洞窟を使うにせよ、シェルターは敵から見つかりづらい場所を選ぶ必要がある。周囲から見えにくい場所がなければ、カモフラージュを念入りに行う。

敵から見つかる危険性以外では自然災害にも注意するべきだ。川の近くなら増水は起きないか、山なら落石や土砂崩れはないか、雪山なら雪崩は起きないか、気を配る必要がある。

## シェルターを使った野外での過ごし方

**シェルター**

スパイや特殊部隊は、野外での任務時に必ずシェルターを持っていく。野宿や身を隠すときに活用するのだ。

シェルター

入り口は風下にする

シェルターを設営することで雨風を防ぎ、体温の低下や暑さによる脱水症状など、過酷な自然環境から身を守る。設営場所は周囲から見えにくい場所——木や生い茂る森や岩だらけの険しい谷間などが理想的。カモフラージュを施せばさらに見えにくくなる。

**木の葉を毛布がわりに**

地面の上で寝ると熱を奪い取られてしまうため、毛布を敷くのが基本。毛布を持っていない場合は、地面に木の葉や草などを敷き詰めて毛布代わりにする。

**自然の洞窟をシェルターに**

洞窟で雨風をしのぐのは問題ないが、出入り口がひとつしかないのが欠点。敵がすでに把握している可能性もあるので、気をつける必要がある。

# 穴を掘ったり高床式にしたり、シェルター作りはTPOが重要

| 該当する年代 ▷ | 20世紀初頭 | 20世紀中頃 | 20世紀終盤 | 21世紀以降 |
|---|---|---|---|---|

| 該当する組織 ▷ | CIA | KGB | SIS | 特殊部隊 | その他の情報機関 |
|---|---|---|---|---|---|

## ◎ 過酷な状況では暑さ、虫、寒さを防ぐシェルターを作る

スパイは砂漠、ジャングル、極寒地といった過酷な状況で任務を行うこともある。そうした状況では、通常のものとは違う環境に合わせたシェルター作りが要求される。

砂漠で気をつけなければならないのは、強烈な日光と暑さだ。まずは、テントやパラシュートなどの布地を大きく広げて屋根を作り、直射日光からガード。さらに屋根部分の布を重ねて二重にすれば、空気の層ができて温度の上昇を防げる。地面に穴を掘り、まわりに土を盛ってシートで上から覆う方法もある。ほかにも、まわりに日陰があれば、その地形をうまく利用してシェルターを作るのもよい。

ジャングルでシェルターを作る場合、大敵となるのは虫だ。虫が媒介する病気もあるので、しっかりと対策を取る必要がある。基本は木に吊るした

ハンモックを使ったり、木の枝を組み合わせて高床式の寝床にすること。こうすることで地面の虫に噛まれることはなくなる。さらに、木の上から落ちてくる虫対策として、布やシートを張って屋根を作る。これなら虫だけでなく雨も避けられる。

極寒地では当然ながら防寒を考えなければならない。雪や氷でかまくらのようなシェルターを作ったら、入り口は雪でふさぐ。酸欠にならないように、入り口とは別に穴を開けて換気口を作るのがポイントだ。ちなみに砂漠では暑さ対策のために穴を掘るが、極寒地では寒さ対策として穴を掘る。穴を掘って自分が過ごす場所より低い場所を作ると、冷たい空気が低い位置に下がるからだ。これなら、寝ている間に体温が下がるのを防ぐことができる。自分の身体が雪に直接触れないように、床に断熱材や毛布や木の枝などを敷き詰めるのも忘れてはいけないポイントだ。

**シェルター作り**

## 環境を考えてシェルターを作る

シェルターは場所によって作り方が違ってくる。ジャングル、砂漠、極寒地の特殊な環境での作り方を紹介する。

### 砂漠

四隅に石を置く

地面に穴を掘ることで気温がいくぶん下がる。穴を掘ったまわりに盛土をして、穴をシートで覆って四隅に石を置くだけでもシェルターになる。

### ジャングル

直接寝ない

地面には噛みつく虫などがいるため直接寝ないように、木の枝などを使い高床式の寝床を組み立てる。また落ちてくる虫や雨を防ぐため防水シートを屋根にする。ハンモックもシェルターに適している。下のスペースに放熱されるため、テントに比べて涼しく感じる。

### 極寒地

換気口

雪の吹きだまりに横穴を掘り、かまくらのような空間を作る。次に酸欠にならないよう換気口を設け、入り口は雪でふさぐ。内部には一段低い段差を作ると、冷たい空気を下に追いやる。床には毛布や断熱材を敷き、雪に直接触れないようにするのもポイント。

# 飲み水がないときは
# 雨水を貯めて水を作る

| 該当する年代 | 20世紀初頭 | 20世紀中頃 | 20世紀終盤 | 21世紀以降 |
|---|---|---|---|---|
| | | | | |

| 該当する組織 | CIA | KGB | SIS | 特殊部隊 | その他の情報機関 |
|---|---|---|---|---|---|
| | | | | | |

## ◎ 自然のなかで飲み水を確保！ ない場合は自分で「作る」

人間の生存には水が不可欠である。水分を補給しないと1週間で死に至る。過酷な環境ではもっと早く死ぬこともあるだろう。食べなくても水の確保は最優先すべき事案だといえる。

野外での任務遂行中に水筒などに用意した水がなくなった場合、現地で水を調達しないといけない。だが、川や池の水には細菌や寄生虫がいる可能性がある。海水は飲むと塩分の分解に体内の水分が奪われる。雪を口にすれば、下がった体温を上げようとして体の水分が使われてしまう。

基本的に自然の水を飲むためには、濾過したり強火で10分以上煮沸するのが必要不可欠。火が使えない状況では、浄化剤やヨウ素液などの薬を使う方法もある。きれいにした水は容器で持ち運ぶが、水温が34度を超えると細菌が繁殖する危険性がある。

そもそも浄化するための水が手に入らない状況もあるだろう。そういう場合は自分で水を「作る」ことを考える。雨が降るなら、シートや葉を使って水を集める。放射性物質などがない限り、そのまま飲んでも雨水は安全だ。果実や樹木を切って水分を得ることもある。生物の水分といえば、動物の血液もよさそうに思えるが、体内で分解するのに水分が必要となるので水不足の状況では摂取しない。

太陽熱を利用した蒸留でも水は「作れる」。地面に穴を掘って容器を置き、穴をビニールシートで密閉して容器に水を溜めるのだ。植物の葉をビニール袋で覆って、葉が蒸散する水分を集めることもある。ただし、掘った穴は最後に元に戻して、痕跡を残してはならない。

こうした水の確保と同時に、体温を上げたり下げたりしない工夫などをして、体内の水分が失われないようにすることも重要だ。

## 水対策①

### 川・海・雪は絶対に飲んではいけない

水分を取らないと人は生きていけない。飲み水がない、あるいは少ないときのタブーを列挙する。

### 水不足のときしてはいけないこと

**川の水を飲む**

川の水には細菌や寄生虫などの不純物が混ざっている可能性があるため、直接飲んではいけない。

**雪を食べる**

雪はきれいに見えてるが不純物が混じっており、喉や内臓を痛める原因になりかねない。また、冷えた身体を温めようと体温を上げるため、逆に水分が奪われてしまう。

**海水を飲む**

海水を飲むと、血液中の塩分濃度が上がり、塩分を分解するためたくさんの水分が必要になる。

**動物の血を飲む**

人間の体は血液を水分ではなく食べ物と認識するため、逆に水分が必要になってしまう。

**酒・タバコ**

酒に含まれるアルコール類は脱水作用がある。タバコも有害ガスにより喉に負担がかかる。

**薄着**

肌の露出が多いと体内の水分が失われてしまう。暑い場合はなるべく動かないのが基本。

**口呼吸**

口呼吸は、口のなかが渇き、水分が多く抜け出てしまう。口を閉じて鼻で呼吸するようにする。

**水対策②**

# 野外で水を確保する2つの方法

自然から水を集めるか、自然を利用して水を作るしか方法はない。水を得る手段をより多く知っておくと安心だ。

## 自然から水を手に入れる方法

### 雨水を溜める

防水シートや大きな葉を使い雨を集める。シートの中央に石などの重りをのせて水溜まりを作ったり、容器に溜めたりする。

### 水分の多い果実を見つける

実のなかに水分が詰まっている果実や植物を探す。特にココナツはなかに透明な液体が入っていて、熱帯地方では「生命の水」と呼ばれて重宝されている。

### バナナの幹の根本を切る

バナナの幹を切り、切り株のなかをえぐると、数日間で水がたまる。茎を切ると水が得られるものがあるので、事前に植生を調べるのが基本。

## 自然を利用して水を作る方法

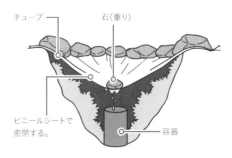

チューブ　　　石（重り）

ビニールシートで密閉する。　　　容器

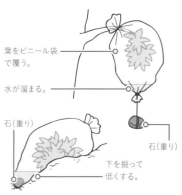

葉をビニール袋で覆う。

水が溜まる。

石（重り）

石（重り）

下を掘って低くする。

### 蒸留器

すり鉢状の穴を掘り、草や葉を敷き詰めて、太陽熱を利用して蒸発する水分を集めることもある。穴に透明なビニールシートをかぶせ、中央に重石をのせる。こうして内部の温度を上昇させてシートについた水滴を容器のなかに溜めるのである。

### 蒸散袋

蒸留器と同じしくみで、太陽熱を利用して植物から蒸散される水分を集める。やり方は簡単で、地面に生えている植物や、木の枝にビニールをかぶせるだけ。確保できる水の量は少ないが、切り取った植物を袋に入れて、移動しながら水を作ることもできるのでとても便利。

## 野外の水は飲む前に必ず濾過・消毒する

**水対策③**

見た目がきれいな水でもじつは危ない。お腹をくだすと下痢や
嘔吐で脱水症状になりかねないので、飲む前に必ず消毒する。

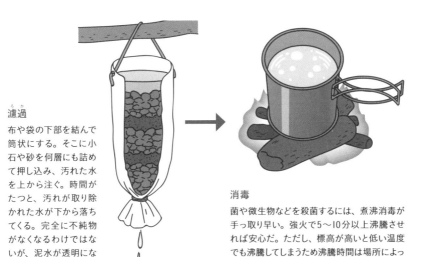

### 濾過

布や袋の下部を結んで
筒状にする。そこに小
石や砂を何層にも詰め
て押し込み、汚れた水
を上から注ぐ。時間が
たつと、汚れが取り除
かれた水が下から落ち
てくる。完全に不純物
がなくなるわけではな
いが、泥水が透明にな
るくらいには浄水可能。

### 消毒

菌や微生物などを殺菌するには、煮沸消毒が
手っ取り早い。強火で5〜10分以上沸騰させ
れば安心だ。ただし、標高が高いと低い温度
でも沸騰してしまうため沸騰時間は場所によっ
てかわる。ほかに浄水剤やヨウ素液をつかって
消毒する方法がある。

容器

### プラスチック

プラスチックなどの樹脂製の容器は、水の持
ちがよく、約72時間持つ。

### 金属製

金属製の水筒やボトルは直接火にかけること
ができる。水の持ちは短く、約24時間ほど。

167

# 燃料がないライターでも
# 火花で火を起こせる

| 該当する年代 | 20世紀初頭 | 20世紀中頃 | 20世紀終盤 | 21世紀以降 |
|---|---|---|---|---|

| 該当する組織 | CIA | KGB | SIS | 特殊部隊 | その他の情報機関 |
|---|---|---|---|---|---|

## ◉ ライターやマッチがあれば 安心というわけではない

　野外でサバイバルするためには、火が必要となってくる。暖を取る際や、調理のための加熱、殺菌・消毒のための煮沸などで使うからだ。

　マッチやライターがあっても、すぐに火がつけられるわけではない。「火口」と呼ばれる、火を大きく燃やすための、着火用の燃えやすい物質が必要だ。火口として使われるのは、糸くず、乾燥した草、松ぼっくり、銃弾の火薬、ティッシュなど。

　火口が入手できたら点火するが、ライターやマッチがなくても慌てなくてよい。カメラやメガネのレンズで日光を集めてもよいし、車両のバッテリーを使って電極をスパークさせるのも火口に点火できる。

　火起こしの方法として、よく知られている木と木をこすり合わせる摩擦式の技術もあるが、これは時間と体力が必要なので、最後の手段だ。なお、燃料がなくなってしまったライターでも発火石で火花は起こせるので、燃料がないからとあきらめて、投げ捨てることはない。

　火口が燃えたら、その火で乾いた木などの可燃物を燃やす。火口は燃えやすく小さいので、あっという間に燃え尽きてしまいがち。作業は手早くが鉄則だ。

　メインとなる可燃物がきちんと燃えるまでは、細かく切った木などの「焚つけ」を投入。うまく火がつかない場合は酸素不足を疑う。燃やす木材を組んで空気の通りをよくするのがセオリーである。

　通常のサバイバルと違って、敵から見つからないための注意も必要となる。起こした火による灯りや煙で居場所がバレないか、火を起こすための時間と労力で任務に支障をきたさないかなども考慮して、火を起こすかどうかを判断している。

## 火の作り方

### 火を起こすために必要なもの

まず火種になる材料を探す。次に道具を使って着火し、消えないように酸素を定期的に送り込む必要がある。

可燃物

**乾いた朽木や枝**

木材は火種として定番の燃料。野外にはたくさんあるので、簡単に集めることができる。

**鳥の巣**

軽くて乾燥した繊維質は火口としてうってつけ。ネズミの巣も燃えやすい。

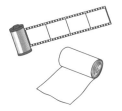

**写真のフィルムや包帯**

フィルムや包帯、脱脂綿、生理用品は燃えやすく、火口としてすぐに使える。

熱

**ライター・マッチ**

火をつける定番の道具。ライターは燃料がなくなっても火花を出せるので捨ててはいけない。

**レンズ類**

カメラやメガネのレンズで太陽の光を集めて火をつける。短時間で火を起こせる。

**摩擦式の弓**
（ファイヤーフィドル）

木の枝と紐を組み合わせて弓を作り、弓で木の枝と火種をこすり合わせて摩擦熱で火を起こす道具。石器時代に使われた。

**POINT**

**酸素がなければ火はつかない**

火がつかないときは酸素が足りていない可能性がある。そういった際は慌てず焦らず、火種に息を吹きかけて酸素を送り込む。火がついたあとも酸素がなくなると消えてしまうため、息を吹きかけるのが基本だ。

# 食料がないときは
# タンポポやドングリを食べる

| 該当する年代 ▷ | 20世紀初頭 | 20世紀中頃 | 20世紀終盤 | 21世紀以降 | | 該当する組織 ▷ | CIA | KGB | SIS | 特殊部隊 | その他の情報機関 |
|---|---|---|---|---|---|---|---|---|---|---|---|

## ◎ 狩猟より植物の採集を優先
## ただし危険な種類には注意

　野外での任務中に食料がなくなったら、現地で食料を調達せざるを得ない。銃があるなら動物を仕留めて……と思うかもしれないが、狩猟は難易度が高い。土地勘のない場所ならなおさらだ。思わぬ反撃で負傷するなどのアクシデントもあり得る。

　体力を温存するという意味でも、スパイは狩猟よりも植物の採集を考える。木の実は脂肪やタンパク質が豊富で、カロリーも申し分ない。果実は食べやすく、ビタミンの摂取が可能。葉もビタミンを含んでいる。根は繊維質で空腹を回復できる他、水分も補給できる。

　いいことずくめのようだが、植物はあまりに種類が多いため、有害なものを見極めるのが難しいというデメリットもある。どうしても未知の植物を食べる選択肢しかない状況では、植物が有害か無害かを判別するテストを実行することになる。

　まずは8時間、何も食べないようにした上で、最初に異常な臭いがしないか、すりつぶして肌につけてかぶれが出ないかを確認。問題がなければ、ひとつまみ程度のごくわずかな量を唇の外側につけて、3分間待つ。身体に異常な反応が出なければ、次の段階だ。舌の上にのせて15分間待つ。ここで問題がなければ、飲み込んで8時間待つ。問題なければ、その植物は食べられると考えてよい。8時間待っている間に異常を感じたら、吐いて水を大量に飲むようにする。

　このテストで植物の食用の適性を確認できるが、毒キノコは反応が出るまでの時間が長いので、この方法で危険性を見極めるのは難しい。

　また、野生の動物がその植物を食べていても、それは安全目安とはならない。動物によって消化酵素が違うからである。

## 食料

### 雑草や木の実はちゃんとした食料になる

食料がなくなったとき動物を狩るのは難しいが、植物なら簡単に採集できる。意外に栄養たっぷりな植物類を紹介する。

### 雑草

**タンポポ**

タンポポの葉や茎、根は栄養価が高い。葉は大きなものよりも小ぶりなものがやわらかくおいしい。

**ツクシ**

湿地や畑に生えている雑草。茹でれば根本から穂先まで食べられる。栄養素が多い。

**オオバコ**

道端に生えている雑草。咳止めの効果もあり、生薬としても使われている。厚みのある葉で食べごたえがある。

**ヨモギ**

土手やあぜ道に生えていて、殺菌作用があり薬草としても用いられる。茹でてアクを抜いて食べる。

### 実・木の実

**キイチゴ**

**ドングリ**

### 根

根も食べられる植物は多い。水分が多く、繊維質で食べごたえがあって腹が満たされる。

**グミの実**

ビタミン類も摂取でき、アーモンドやクルミなどのナッツ類は高カロリーでエネルギー補給に適している。

### Column

#### 毒キノコに注意！

毒キノコは食べてから症状が出るまで時間がかかる。また、少量でも食べれば命取りになる場合もあり、食用適正テストで判断するのは難しい。キノコ類を見分けられるか否かは生死に影響を及ぼす。

# 砂漠も長袖が必須！
# 環境の違いを把握する

| 該当する年代 | 20世紀初頭 | 20世紀中頃 | 20世紀終盤 | 21世紀以降 |
|---|---|---|---|---|

| 該当する組織 | CIA | KGB | SIS | 特殊部隊 | その他の情報機関 |
|---|---|---|---|---|---|

## ◎ 寒冷地では体温低下を防ぎ 砂漠では体温上昇を防ぐ

　極寒の地域で活動する場合、注意しないといけないのは体温の低下である。あまりに体温が下がってしまうと、幻覚症状などの精神錯乱に陥る危険性もある。

　体温を下げないためには、上着のなかにこもった熱を逃さないことが重要。首回りにはマフラーを巻き、頭部からは大量の熱が放出されるので、帽子をかぶるようにする。

　体温が下がると手足の血流が滞り、そのため手袋が必須なのはもちろん、足の指をこまめに動かしたり足踏みをしたりして血流を促す。

　寒冷地とはいえ、作業などで身体を動かすと汗をかく。そうして濡れた衣服は体温を奪う。汗をかきそうなときは上着を脱いだりして温度を調節するのはマスト。靴下も汗で濡れたままにしておくと足が凍傷になるので、こまめ

に交換する。

　暖を取るための火が起こせない場合は、極薄素材でつくられた防寒・防水用の「エマージェンシー・ブランケット」を使う。仲間がいるなら抱き合って肌を合わせて体温の低下を防ぐ。

　活動場所が砂漠の場合は逆に体温の上昇を防ぐ必要がある。濡らしたバンダナやスカーフを首回りに巻いて冷却効果を得る他、服は熱を発散しやすいようにゆったりしたものを選ぶ。身体を動かすと体温が上がるので、移動は日が落ちてから行うのが原則である。夜は空気が澄むので、遠くまで見渡すことができるというメリットもある。

　砂漠では、強烈な直射日光を避ける必要もある。暑くても肌の露出は避けて、ゴーグルやサングラスで目を守る。

　また、砂漠には危険な生物が多く生息している。サソリをはじめとして、ヘビやクモはもちろんのこと、伝染病を媒介するハエ、ノミ、シラミ、ダニなども要注意である。

## サバイバル術（雪山・砂漠）

### 雪山や砂漠での最低限のルール

雪山や砂漠でもっとも恐ろしいのは、低体温症と脱水症状。過酷な環境のなかでどう行動するべきか知る必要がある。

**雪山**

頭部や首回りには必ず布を当て、肌をさらさないようにする。

濡れた服は体温を奪うので、乾いたものに交換する。

こまめに足の指を動かして、血行をよくする。

手袋を必ずつける。手先は凍傷になりやすい。

**シェルターを作る**
移動中吹雪に見舞われた場合、安全地帯に戻るほうが時間がかかる場合、急いでシェルターを作る。

**人肌で温め合う**
凍死する危険性がある場合、肌に触れて温め合うのが得策。低体温症の状態で、火で温めようとすると死ぬ可能性がある。

**砂漠**

「砂漠を移動するのは夜」が基本。日が落ちると気温が下がり、体温も上がりにくい。

ゴーグルやサングラスで目を保護。

地面から伝わってくる熱や、砂の混じった熱風。

**虫・動物に注意する**
砂漠には危険な生き物たちが潜んでいる。サソリやクモなどに噛まれショック症状を起こしたり、ダニやシラミが赤痢などの伝染病を媒介する恐れがある。

ゆったりとした服を着て、肌の露出を最低限に。

# 手足を縛られた状態でも
# 体を反らせば泳げる

| 該当する年代 ▷ | 20世紀初頭 | 20世紀中頃 | 20世紀終盤 | 21世紀以降 |
|---|---|---|---|---|

| 該当する組織 ▷ | CIA | KGB | SIS | 特殊部隊 | その他の情報機関 |
|---|---|---|---|---|---|

## ◎ 絶体絶命の状態でも脱出のためのチャンスはある

スパイが敵陣営に拉致されてクルマで連れ去られる場合、トランクのなかに閉じ込められることがある。だが、外から鍵をかけられてもスパイはあきらめない。

まずは近年の車種についている、内部から開けるための脱出用ハンドル（緊急トランクリリース・レバー）を探す。ジャッキがあれば、トランクのフタを押し上げて開き脱出することもできる。トランク内の構造を知っておくことが大切だ。

レバーやジャッキが見当たらなければトランクに接している後部座席を車内側に倒してクルマのなかに入る。ただしこの場合、車内の敵と戦わなければならない。

最後の手段はトランクのなかからブレーキライトを蹴り破り、そこから手を出して後続車のドライバーなどに監禁を気づかせて通報してもらう、というもの。ただし治安当局が敵対組織の場合は、その限りではない。

脱出がうまくいかず、海まで連れてこられて手足を縛られた状態で海中に投げ込まれてしまったとする。絶体絶命の状況だが、まだ生き残るチャンスはある。スパイはこうした事態を想定して、手足を拘束されたまま泳ぐ訓練を行っているからだ。

水深が浅いなら、底まで潜り地面を蹴って水面まで上昇して呼吸。これを何回も繰り返して、安全な場所まで移動するのだ。

水が深くても、両足で水を蹴り、上半身を海老反りにして頭を水面から出して少しずつ前に進んでいく方法もある。呼吸が苦しくなったら、仰向けになって浮かび、体力を回復させてから、もう1度海老反りで泳ぐ。

このようにどんなに危機的な状況でも命をつなぐ方法はある。優秀なスパイは決してあきらめないのだ。

## 脱出法

### 手足を縛られても身体は動く

拉致されることを想定した訓練をスパイは行っている。クルマの機能を利用したり、手足を使わずに泳ぐのは朝飯前だ。

### クルマ

クルマを使って拉致する手段はおもに3つ。ひとつは後方からクルマにぶつかり、何事か確認しようとドライバーがクルマから降りたところを狙うというもの。2つ目は、誘拐犯自身がわざとクルマのトラブルを起こし、ターゲットが手を貸そうと近づいてきたところを狙うというもの。最後、3つ目が、ターゲットを尾行して、家の前で門が開くのを待っているところを狙う方法もある。

**緊急トランクリリース・レバーを引く**
内側から開けることができるレバーで、アメリカのクルマについている。蛍光素材で暗闇でも見つけやすい。

**ブレーキライトを壊す**
ブレーキライトのプラグを抜いて、蹴り出して壊す。空いた隙間から手を出して助けを求める。

### 水中

手足が使えない状態のまま泳ぐ方法は3通り。水深が浅ければ底まで沈み、蹴り上げて水面まで顔を出す。水面に浮いたり泳ぐ場合は、うつぶせと海老反りの体勢を繰り返し、その勢いで前へ進む。水面が荒れて顔を出すのが難しい場合は、うつぶせと仰向けの体勢を繰り返す。

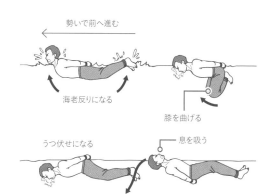

勢いで前へ進む

海老反りになる

膝を曲げる

うつ伏せになる

息を吸う

# ヘアピンが１本あれば
# 手錠は簡単に外せる

| 該当する年代 ▷ | 20世紀初頭 | 20世紀中頃 | 20世紀終盤 | 21世紀以降 | | 該当する組織 ▷ | CIA | KGB | SIS | 特殊部隊 | その他の情報機関 |

## ◎ 身体の自由が奪われても
## 脱出することは可能！

　敵に捕まった場合でも、スパイはあきらめずに脱出を試みる。そのため拘束される瞬間から対策を練っている。そのひとつが身体を「大きく」しておくことだ。イスに縛りつけられるときは、息を大きく吸って胸を広げ、腰はそらすようにする。背もたれに背中をぴったりとくっつけて座ってはならない。両腕は曲げずに伸ばし、両足はイスの外側へ。このようにしておけば、通常の姿勢に戻すと、身体を動かす余裕ができるのである。

　手錠を外す技術もいくつかある。１つ目はヘアピンを鍵穴に挿入して、手錠の歯のついた部分「シャックル・アーム」を外すというもの。２つ目はくさびのような道具を使って、手錠をこじ開けるというもの。歯と歯止めの間に差し込んで錠をこじあける。３つ目はテコの力で手錠を壊すというも

の。手錠の輪が二重になった部分（ダブル・バウ）に物を差し込んでテコの力で手錠を壊すのだ。

　両手首を結束バンドで縛られた場合は、コンクリートやレンガなどの硬いものに何度もバンドをこすりつけて、すり減らせて切ればいい。プラスチックでできているため削りやすいからだ。結束バンドの結合部にヘアピンを力ずくで挿入して壊してしまう方法もある。手首を左右に開いて、結束バンドの噛み合っている歯を外して、脱出するのだ。

　粘着テープの一種で、配管（ダクト）工事などでも使われるダクトテープは手錠や結束バンドにくらべると脱出が簡単。体をはじけるように一気に動かすとテープが裂けやすいという特性を活かすのだ。動き回るとテープがしわくちゃになり、硬くなって裂くのが難しくなる。そのため、足首を縛っているテープは勢いよくしゃがむことによって裂け、足が自由となる。

## 脱出法①
## （手錠）

### ヘアピンがあれば手錠を簡単に外せる

手錠は頑丈なようで意外に簡単に外すことができる。手錠
の構造を知っていれば、敵に捕まっても安心だ。

**手錠のしくみ**

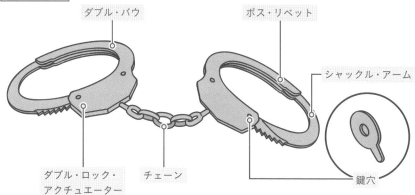

ダブル・バウ

ボス・リベット

シャックル・アーム

ダブル・ロック・
アクチュエーター

チェーン

鍵穴

手錠の構造はそれぞれ違って
いるが、一般的な作りの手錠は
誰でも外すことができる。

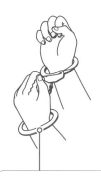

**ヘアピンで開ける**
ヘアピンの先を鍵穴に
差し込み、手首のほう
へ滑らせる。

**シムでこじ開ける**
ヘアピンやクリップを
歯と歯止めの間にむり
やり差し込む。

ヘアピンの先が歯止めの入り口
に引っかかり、カチッと音がして
シャックル・アームが外れる。

**てこの力で壊す**
シートベルトのバック
ルを、手錠の隙間に入
れてひねれば、ボス・
リベットが壊れて外す
ことができる。

## 大きくゆとりをもって縛られる

拘束されているときに逃げるチャンスを作る。ポイントは
ロープを大きく握って、あとでゆるませることである。

---

ロープで拘束されたとき

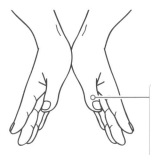

**親指をくっつける**
手を拘束される場合、両手の親指
をくっつけて、手のひらをくっつけ
ずに広げる。手首の筋肉が収縮し、
手のひらを閉じるより両手首の直径
が大きくなる。

両親指を合わせて、内
側にスペースを作る

**ゆとりをもって座る**
イスに座った状態で拘束された場
合は、背もたれに腰が直角になら
ないように腰を曲げて座る。両足は
イスの脚の外側に持っていく。

**ロープを一部握りしめる**
縛られているとき、敵に気づかれないように
片手でロープをつかむ。拘束者が部屋を出
たあと、手を離したときゆとりができる。また
息を大きく吸い込んで胸を広げるのもよい。

# 脱出法③（テープ）

## ヘアピンがあれば簡単に抜け出せる

バンドやテープは安いため拘束具としてよく使われる。拘束された場合、ヘアピンや体の動きをうまく使って脱出する。

## 結束バンドを破る方法

結束バンドは一度縛ると外れないしくみになっていて、外すときはハサミを使う必要がある。と思われがちだが、ヘアピンを使えば簡単に外すことができる。

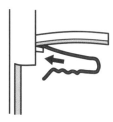

ヘアピンの先についているワックスを外す。結束バンドと歯止めの位置を確認し、歯止めと歯の間にヘアピンを差し込む。

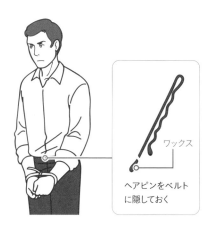

ワックス

ヘアピンをベルトに隠しておく

差し込んだまま手首を左右に引っぱる。かみ合っていた歯と歯止めが外れる。

## 粘着テープを破る方法

入手しやすく値段も安い粘着テープ（ダクトテープ）は、しばしば拉致実行犯が使う道具でもある。体を勢いよく動かせば裂くことができる。

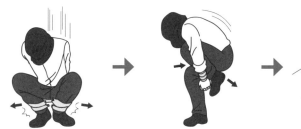

両足先をV字に広げて立ち、そのまま勢いよくしゃがむとテープが裂ける。

両手を体のうしろから前にもってくる。

両手を肩の高さで前に出し、肘を勢いよく曲げて胸を打つと、テープが裂けて両手首が自由に。

# COLUMN ③

# CIA育成のための教材に
# スパイ映画が使われた!?

Ian Fleming      John le Carré

## 元スパイの作家が描いた『007シリーズ』

　1953年～1961年にCIA長官を務めたアレン・ダレスは「物語に出てくるスパイのヒーローなんて現実には存在しない」と語ったが、CIAの諜報員を育成するにあたり教材としてスパイ映画を使っていた。なぜ、教材に向いているかというと、スパイ映画の代名詞的存在『007』シリーズの原作者であるイアン・フレミングが第二次世界大戦中にイギリス海軍の情報部で諜報員として活動した経歴を持っているからだ。また、スパイ小説『寒い国から帰ってきたスパイ』で高く評価されるジョン・ル・カレも、情報機関MI6に所属していた経験をもとに作品を書いた。フィクションといえどもスパイものはリアリティに溢れているのだ。

# 世界を震撼させた
# スパイ人物列伝

あくまでスパイは陰の存在であり、歴史的な事件にかかわっていたとしてもその名を残すようなことはない。しかし、スパイのなかにはその存在が浮き彫りとなり、世間の目にさらされてしまった者も少なからずいる。本企画は「スパイ人物列伝」と題して、はからずもその名を世界に轟かせたスパイたちを紹介。その足跡を追ってみた。

### リヒャルト・ゾルゲ

旧ソ連のスパイで「ゾルゲ事件」の首
謀者。1933年にドイツ人記者として来
日、ゾルゲ諜報団を組織して諜報活
動を行う。日本が対ソ参戦には向か
わず、資源を求めて南進を目指す旨を
祖国に打電。ソ連の対独戦勝利に貢
献するが、日米開戦直前の1941年に
逮捕され、1944年に死刑執行された。

### 独学で日本を研究した

来日前から独自に日本について研究、古
典も学んでいた。麻布の自宅には1000
冊の蔵書があり、午前中は読書や執筆
に勤しんでいたという。

## <ruby>尾崎秀実<rt>おざきほつみ</rt></ruby>

ゾルゲ諜報団のメンバーとして日本軍の情報をゾルゲに提供していたスパイ。一方で近衛文麿内閣の政権下において、内閣嘱託としての地位を確立していた。1944 年、ゾルゲとともに絞首刑に処された。

### 大ヒットした妻と娘への手紙

尾崎は獄中から妻と娘に多くの書簡を送っている。戦後、その一部が『愛情はふる星のごとく』としてまとめられ、ロングセラーとなった。

## マタ・ハリ

パリで一世を風靡したオランダ人ダンサー。高級娼婦としての顔も持ち、各国の政治家や高級士官とベッドを共にした。第一次世界大戦中の 1917 年、フランスから二重スパイの嫌疑を受けて起訴され、銃殺刑に処される。

### 最後まで美しかった女スパイ

銃殺前に兵士たちに投げキスをした、コートを脱いで裸身で処刑されたなど、美女スパイらしく死にまつわる艶やかな逸話が多い。

## クリスティーン・キーラー

イギリスのモデル・高級娼婦。英陸軍大臣ジョン・プロヒューモと、駐英ソ連大使館付海軍上級武官エフゲニー・イワノフと同時に関係を持ち、イギリスの国家機密をソ連に漏らすという「プロヒューモ事件」のきっかけを作った。

### その後は落ち着いた生活を

冷戦下の大スキャンダルの主役となったキーラーは、2017 年に 75 歳で死去。晩年は名前を変えて静かに暮らしていた。

## ウォルフガング・ロッツ

イスラエルの伝説的スパイ。もともとは軍人だったがイスラエルの建国後、諜報機関モサドのメンバーとして活躍。エジプト入りするや数々の機密情報を祖国に流し、第三次中東戦争でイスラエルを勝利に導いた。

### 表向きは一般市民

一時期、カイロで表向き乗馬クラブの経営をしながら、軍事機密や重要人物のリストなどをモサドに送り続けた。

## アンヘル・アルカサール・デ・ベラスコ

第二次世界大戦で活躍したスペイン人スパイ。太平洋戦争がはじまり、米国内での情報収集が困難になった日本は、中立国のスペインに諜報機関「東機関（とうきかん）」を創設。その中心人物として活動した。

### まずは米軍兵とお友達に

ベラスコは米軍人と友人になることで情報を聞き出した。ベラスコの仲間には、教会の神父を装って情報収集する者もいたという。

## 金賢姫（キムヒョンヒ）

北朝鮮の元工作員。乗客・乗員115人全員が死亡した、1987年の大韓航空機爆破事件の実行犯で、アブダビ空港で降機したが後に拘束。韓国に引き渡されて死刑判決を受けたが特赦を受ける。その後結婚し、表舞台に出るようになった。

### 徹底された日本語教育

李恩恵（リウネ）という朝鮮名を持つ日本人拉致被害者の女性から2年近く日本語教育を受けたという。

## 川島芳子

清朝の皇族・第10代粛親王善耆の第14王女に生まれるが、国の崩壊後、日本人の養女として東京で教育を受けた。清朝再興を夢見て日本軍のスパイ活動に従事するものの、満州政策に反発。戦後に漢奸（売国奴）として中国で処刑された。

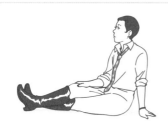

### 17歳で女を捨て「男装の麗人」に

17歳でピストル自殺未遂事件を起こしたのを機に断髪。その後、男装の麗人として世間の注目を浴びるようになった。

## キム・フィルビー

イギリスのMI6に所属しながら、旧ソ連のKGBに協力していた英ソの二重スパイ。第二次世界大戦をまたいでイギリスで活動していたソ連のスパイ網「ケンブリッジ・ファイブ」の中心人物。二重スパイが発覚し、1963年に旧ソ連に亡命した。

### 妻子、親友、MI6も気づかなかった

妻子や親友にさえ、フィルビーは本当の顔を見せなかった。MI6からの信頼を得て、重要機密を入手していた。

## 吉川猛夫 <ruby>吉<rt>たけ</rt></ruby><ruby>川<rt>お</rt></ruby>

大日本帝国海軍の軍人で海軍少尉。1941年より、ホノルルの日本総領事館に勤務。真珠湾に寄港する米艦隊の動向を観察し、本国に情報を送った。真珠湾攻撃成功の陰の立役者ともいわれている。

### 潜伏先は料亭の「春潮楼」

吉川が米艦隊の様子を窺ったのが日系人経営の料亭「春潮楼」。この2階に陣取り、望遠鏡を使って真珠湾を出入りする艦艇の情報を得た。

### アンナ・チャップマン

ロシア対外情報庁（SVR）所属の女スパイ。2010年、アメリカの兵器開発計画の情報を得るためにスパイとして入国。不動産会社の社長を演じていたが、FBIに捕まり注目を浴びた。現在はタレント活動やビジネスで活躍している。

### 得意技はカメレオン・トラップ

Mっ気のある男には高圧的に、か弱い女性が好みの男にはお姫様的に。男心をもてあそぶカメレオン・トラップが得意。

# スパイ用語索引

# 参考文献

**◆ 書籍**

『実戦スパイ技術ハンドブック』バリー・デイヴィス 著／伊藤綺 訳（原書房）

『最強 世界のスパイ装備・偵察兵器図鑑』坂本明 著（学研プラス）

『「知」のビジュアル百科27 スパイ事典』リチャード・プラット 著／川成洋 訳（あすなろ書房）

『CIA極秘マニュアル』H.キース・メルトン、ロバート・ウォレス 著／北川玲 訳（創元社）

『イラスト図解 仕事に使える！ CIA諜報員の情報収集術』グローバルスキル研究所 著（宝島社）

『スパイのためのハンドブック』ウォルフガング・ロッツ 著／朝河伸英 訳（早川書房）

『世界スパイ大百科 実録99』東京スパイ研究会 監修（双葉社）

『スパイ図鑑』ヘレイン・ベッカー 著／らんあれい 訳（ブロンズ新社）

『萌え萌えスパイ事典』スパイ事典制作委員会 編（イーグルパブリシング）

『ビジュアル博物館 スパイ』リチャード・プラット 著／川成洋 訳（同朋舎）

『アメリカ海軍SEALのサバイバル・マニュアル』クリント・エマーソン 著／小林朋子 訳（三笠書房）

『図解　特殊部隊』大波篤司 著（新紀元社）

『最新SASサバイバル・ハンドブック』ジョン・ワイズマン 著／高橋和弘、友清仁 訳（並木書房）


**◆ サイト**

『CIA公式サイト』https://www.cia.gov/index.html

『国際スパイ博物館』https://www.spymuseum.org/

※その他、数多くのスパイに関する資料を参考にさせていただきました。

## 監修　落合浩太郎（おちあい・こうたろう）

1962年、東京都に生まれる。1995年、慶應義塾大学大学院法学研究科博士課程単位取得退学。東京工科大学専任講師、東京工科大学コンピューターサイエンス学部准教授を経て、東京工科大学教養学環教授。専門は安全保障研究とインテリジェンス研究。著書に『CIA失敗の研究』（文藝春秋）、『インテリジェンスなき国家は滅ぶ―世界の情報コミュニティ』（亜紀書房）などがある。


## STAFF

| | |
|---|---|
| 企画・編集 | 細谷健次朗、柏もも子 |
| 営業 | 峯尾良久 |
| 執筆協力 | 龍田昇、野村郁明、野田慎一 |
| イラスト | 熊アート |
| デザイン・DTP | G.B.Design House |
| 表紙デザイン | 森田千秋（Q.design） |
| 校正 | ヴェリタ |

## 近現代　スパイの作法

初版発行　2020年2月27日

監修　　　落合浩太郎

発行人　　坂尾昌昭
編集人　　山田容子
発行所　　株式会社G.B.
　　　　　〒102-0072　東京都千代田区飯田橋4-1-5
　　　　　電話　03-3221-8013（営業・編集）
　　　　　FAX　03-3221-8814（ご注文）
　　　　　http://www.gbnet.co.jp

印刷所　　音羽印刷株式会社

乱丁・落丁本はお取り替えいたします。本書の無断転載・複製を禁じます。

© Koutaro Ochiai ／ G.B. company 2020 Printed in Japan
ISBN 978-4-906993-84-0

# 時代と文化がよく分かる

# G.B.の 作法 シリーズ

続々、発刊中！

**第1弾**

**戦国　戦の作法**

監修：小和田哲男

戦国武将を下支えした「足軽」や「農民」たちのリアルを追う。

定価：本体1,500円＋税

**第2弾**

**大江戸　武士の作法**

監修：小和田哲男

江戸期の下級武士たちはどんな場所に住み、何を食べていたのか!?

定価：本体1,600円＋税

**第3弾**

**戦国　忍びの作法**

監修：山田雄司

本当の忍者は空を飛ぶことはなく、手裏剣も投げることはなかった。

定価：本体1,600円＋税

**第4弾**

**幕末　志士の作法**

監修：小田部雄次

幕末の時代を生きた志士たち。志を持っていたのはひと握りだった。

定価：本体1,600円＋税

**第5弾**

**戦国　忠義と裏切りの作法**

監修：小和田哲男

忠誠を誓いつつも、寝返ることが常態化していた「家臣」がテーマ。

定価：本体1,600円＋税